清楚自己要什么，

就不会一路跌跌撞撞

李少聪 著

活成被命运偏爱的样子

天津出版传媒集团

天津人民出版社

图书在版编目（CIP）数据

活成被命运偏爱的样子 / 李少聪著 . -- 天津：天
津人民出版社，2019.11
ISBN 978-7-201-15417-6

Ⅰ . ①活… Ⅱ . ①李… Ⅲ . ①成功心理 – 通俗读物
Ⅳ . ① B848.4-49

中国版本图书馆CIP数据核字（2019）第218649号

活 成 被 命 运 偏 爱 的 样 子
HUO CHENG BEI MING YUN PIAN AI DE YANG ZI

李少聪　著

出　　　版	天津人民出版社	
出 版 人	刘　庆	
地　　　址	天津市和平区西康路 35 号康岳大厦	
邮政编码	300051	
邮购电话	（022）23332469	
网　　　址	http://www.tjrmcbs.com	
电子信箱	reader@tjrmcbs.com	

责任编辑	玮丽斯
监　　制	黄 利　万 夏
特约编辑	曹莉丽　孙 建　牛 雪
营销支持	曹莉丽
装帧设计	**紫图装帧**

制版印刷	艺堂印刷（天津）有限公司
经　　销	新华书店
开　　本	880 毫米 ×1230 毫米　1/32
印　　张	8.25
字　　数	150 千字
版次印次	2019 年 11 月第 1 版　2019 年 11 月第 1 次印刷
定　　价	49.90 元

人生就像一条跑道，所有人在呱呱坠地的那一刻都是在同一起跑线上。虽然每个人得到的助力千差万别，有的人含着金汤匙出生，可以踩着父母的肩膀往上爬；有的人却要用单薄的肩膀扛起生活的重担，身陷泥泞，遍体鳞伤。我们无法消除这种事情，但是也要相信，努力才能改变生活，才能活成被命运偏爱的样子。

当我们开始步入社会，发现自己一无所有时，至少你要懂得自己争取。不要刚自己独立生活就抱怨命运不公，你都没有努力过，又怎能指责上天不眷顾你呢？生活就像一场马拉松比赛，拼命奔跑是一辈子的护身符，如果你还有未完成的梦想，那就给自己一个机会，从现在开始努力。

不久前读到一个朋友的文章，标题是《越努力，越幸运》。我看到了一条令我哭笑不得的粉丝留言，说让朋友少发这些"毒鸡汤"，那些运气好出生在富贵之家的人根本不用努力，轻轻松松就能过得很好。不像他，累得要死要活，还赚不到多少钱，上天真是不公平。

出身的确不能由自己选择，但出身只能决定一时的生活，不能决定一辈子的生活。也有很多出生在富贵之家的人因为不愿意吃苦，不愿意劳动，习惯了饭来张口的生活，到后面就发现路越来越难走，以致遇到一点儿小挫折就一蹶不振。而那些出身一般的人从小就知道努力的重要性，所以不管怎样都一直前进，最后就尝到了自己挣来的甜。

其实生活对所有人都是公平的，每个人都有自己要承受的苦难，不要只羡慕别人努力的结果，因为你并没有看到他们努力的过程。你以为那些开店赚很多钱的人是运气好吗？那是你并没有看到他们开店之初是如何奋斗的，数不清的通宵经营和运算草稿才给他们带来这些好运。所有的光鲜亮丽都是由无数不为人知的辛苦慢慢堆砌起来的，与其盲目地羡慕别人，不如自己脚踏实地地努力。

命运不会平白无故地偏爱一个人，只有努力才能被命运垂青。吴淡如的散文集《最努力的时候运气最好》给了我很大的触动。作者曾是一个非常浪费时间的人，但是后来不断有人提醒她，这样下去不是办法。她的脑海里逐渐真的有了"你这样下去不行"的声音，然后开始督促自己自律，要掌握时间。和我们大多数人一样，起初她以为时间是用不完的。直到大三那年，和她同修日语的室友已经通过了日语最高等级的考试，而她连动词都搞不清楚；修了8门课程，其中4门都不及格，她这才开始反思自己的生活态度。

有位诗人说过："年轻的时候，离死亡很遥远，离老病也很遥远，所以能够珍惜时间的人不多。"现在很多人就是如此，不知道珍惜时间，每天大肆挥霍时间，到头来却又抱怨时光匆匆。丹尼尔·科伊尔写过一本《一万小时天才理论》，他在书中说道："当你在某个领域持续投入一万个小时，你就可以成为这方面的顶尖专家。"我们经常对自己的未来抱有美好的幻想：有的人希望一夜成名；有的人希望遇到值得托付一生的爱人；有的人希望能自由支配自己的工作时间。但是如果你每天只是幻想，却不付诸行动，恐怕这些事情一辈子都不会发生在你的身上。

我相信"世间万物，皆有因果"这句话，因为只有你对别人善良，才会被同样地温柔以待。同样的道理，只有你付出了努力，才会得到命运的偏爱。

有人说过这样一句话："种一棵树最好的时间是十年前，其次是现在。"确实如此，如果你想让自己少一些遗憾，那就要从现在开始努力，努力争取自己想要的一切。就像张嘉佳说的那样："我们喜欢计算，又算不清楚，那就不要算了，而有条路一定是对的，那就是努力变好，好好工作，好好生活，好好做自己。然后面对整片海洋的时候，你就可以创造一个完全属于自己的世界。"

你的努力终将获得回报。当你顶着烈日不停地攀登时，你洒下的汗水终会在你登上看似不可征服的顶峰时获得回报。每一次对艰难险阻的挑战，必将让你光芒万丈。不抛弃，不放弃，努力才能活成被命运偏爱的样子。

第一章 清楚自己要什么，就不会一路跌跌撞撞

CHAPTER 3
●

第四章

4

不迎合，不媚俗，
做自己才能光芒万丈

CHAPTER 4
●

5

第五章 被时光宠溺的人，
只因用力活得多彩

6

第六章 懂得克制欲望和情绪，
才会被这个世界温柔以待

CHAPTER 6

**第七章 对自己狠一点，
命运正在偷偷奖赏自律的人**

CHAPTER 7

清楚自己要什么，
就不会一路跌跌撞撞

有自己的主见，
能把握自己的人生道路，学会接受也学会说不，
珍惜现在所拥有的一切也放下不属于你的一切，
才能抵御迷惘和不安。

01 去聚焦一个目标，
反而更容易实现

以前打车的时候遇到一个司机，他的话对我触动很大。

那天公司召开紧急会议，我担心挤公交车会迟到，就打了一辆车，谁知道半路上偏偏遇上了堵车，原因是有一辆空出租车追尾了。

望着外面纹丝不动的车流，我强忍内心的焦急，小声嘀咕道："空车怎么还能出事，司机不好好看路在干什么？"

司机听到后回答说："就因为是空车才出事的吧，司机既要开车又要找客人，注意力没办法集中。反而是有客人的车才安全，因为司机心里有一个方向。"

他的话虽然简单，却很有哲理。我们的生活也是如此，有一个明确的方向，就会注意力集中地一直向着目标前进。没有目标的人只会毫无目的地漫步街头，他们就像无源之水、无本之木，浑浑噩噩地度过每一天，又如何成就未来？

　　我们总是能在新年伊始，看到朋友圈好友发的各种新年计划，每个人的计划清单都很长，看得人眼花缭乱，但是内容如同复制粘贴。

　　比如出去旅行、看多少本书、减肥、认真工作、尝遍天下的美食等，几乎大家的计划都是这样。而且仔细一想，几乎每年的朋友圈都是这样，大家每年制订类似的计划，但是有没有完成只有自己知道。

　　人总是贪婪的，所以会给自己设立无数的目标，但是人的精力是有限的，有时目标多了就会影响专注力，或者是多个目标同时进行，导致效果很差。

　　因此还是要根据自己的能力来确定目标，而不是一味地只立目标。只有在众多目标中选择一个你最迫切需要完成的，才是最符合实际的。

　　不知道你身边有没有这样一群人，他们时常抱怨上天不公平，为什么大家都是同样忙碌，自己却还没有成功。难道真的是因为上天不公平吗？

　　或者你自己也有过这样的困惑，当你感觉上天对你不公平，全世界都对你有亏欠时，不如找个安静的地方反思一下自己的近况，到底是上天不公平，还是你只是在瞎忙？你到底是有一个明确的目标，还是设定的目标太多导致自己像只无头苍蝇到处乱撞？

　　生活中总有一些人每天都匆匆忙忙，不见他们停下脚步，但没发现他们在前进。这类人很可能就是给自己设立了太多的目标，因为时间、精力有限，反而做了很多无用功。在羡慕他人的成绩时，也要学会反思自己，有目标是对的，但是目标太多就相当于没有目标。

　　目标多了，心也就跟着恍惚了。每次都想好好做一件事情，遇到困难却想放弃，因为你有很多选择，就会给自己心理暗示："没关系，我可以先完成一个简单的，这个困难的以后再做。"如此一来，确立的所有目标就都失去了原本的意义。

　　生活本身是苦的，这就是这个世界上会有糖的原因。所以要给自己适当的时间放松，而不是一有空就赶紧去看所谓的计划清单完成了多少。

　　生活就像在骑自行车，除非你一直用力地蹬，向目标前进，否则就会因重心不稳而摔倒。有这样一句谚语："再大的烙饼也大不过烙它的锅。"我们的未来就像一张饼，能烙多大完全受目标的限制。

　　人都是有惰性的，长期过懒散的生活就会丧失斗志，所以还是要有目标的。并且要知道自己真正需要的是什么，否则就有可能像旋转木马一样，只是在原地转圈，而没有前进。

　　我自己以前就是那种没有方向的人，做事情不仔细思考，有时脑袋一热就给自己定一个目标，到后面才发现很多事情都没有做好，时间却浪费掉了，甚至定一大串目标渐渐变成了一种习惯。

　　无意间听过这样一句话："一个人如果不知道把船驶往哪个港口，那吹什么风都不顶事。"的确是这样，如果你没有一个明确的目标，有再多的外力帮助又有什么意义呢？有时选择太多，反而会迷失自我。

　　其实真的只有清晰明了、具体可行的目标，才能给我们行动的力量。设立目标，实现目标，再设立新的目标，这就是最快速成功的方法。所以不如每次都只设立一个目标，先全神贯注地实现它，然后再设立新的目标，一步一个脚印地走好人生的每一级台阶。

02 内心有主见，
才能抵御迷惘和不安

有主见的人能轻松地找到成功的路径，主见是人生旅途中不可缺少的伴侣，它可以帮你在人生的岔路口上做出正确的抉择。

但是有些人早已被生活的艰辛磨去了棱角，丧失了自己的主见。上课时选择坐在最后几排，默默无闻，甚至老师连你的样子都不知道，因为你怕过于表现自我会遭到同学的厌恶；参加工作后选择少说话多做事，默默付出，甚至同事连你的名字都叫不出来；不敢与人讨论，因为你怕话说多了会得罪人。渐渐地，你就失去了独立思考的能力，开始迷惘，开始不安，甚至开始怀疑人生。

如果你真是如此，那就应该做出一些改变了，没有主见的人注定不能走远。没有主见就像没有独立思考的能力，一切都要受他人的摆布。明明非常喜欢一件衣服，却因为朋友的一句

"我觉得不适合你"就选择放弃；明明非常喜欢自己的工作，却因为父母的一句"工资太低了吧"就选择另找高薪的工作；明明非常喜欢一个异性朋友，却因为别人的一句"你们性格太不一样了"就连表白的勇气都没有了。

衣服是穿在自己身上的，朋友可以发表意见，但是自己开心最重要；工作是自己在做，让自己舒服的工作才是最合适的；喜欢一个人就要大胆表白，都没有在一起过怎么就知道性格不合？

之前认识的朋友李峰是个富三代，从小衣来伸手，饭来张口。22岁那年，他的爷爷因为打理公司操劳过度去世了，李峰一夜之间忽然长大了，他怕父亲也像爷爷一样离开自己，决定帮父亲打理生意。

父亲很欣慰，把一家规模不小的海鲜自助店交给了他，希望锻炼一下他的管理能力。李峰也很用心，每天认真负责，但生意就是不见起色。

朋友见他很苦恼，出于好心给他出了一个主意："如今旅游业的发展前景很好，而我们的城市又在大力发展旅游业，不如你改做民宿，肯定能赚钱。"李峰觉得朋友说得很有道理，就对店铺进行了大改装，前前后后花了30万。城市的旅游业的确发展起来了，李峰的民宿却并没有很受欢迎。

随后，又有一个朋友建议他说："现在生活节奏这么快，不如你把民宿改成快餐店吧！不过晚上出来吃夜宵的人也很多，既然你这空间够大，不如一半开快餐店一半开火锅店。"

李峰又觉得朋友的话很有道理，于是再次投资改建，但还是不见生意有所好转。

最后，他来到父亲面前向他请教。父亲问他觉得失败的原因在哪儿，他说是几个朋友的主意不好。父亲只回了他一句话："作为一个管理人员，你难道没有自己的主见吗？"

好好的一家店就因为一个没有主见的管理者没落了，可见有主见是多么重要。

我们生活在信息时代，信息传播迅速。如果没有主见，没有自己的判断力，网友说什么，你就听什么，明知真相不是这样却不敢表达自己的想法，那这个社会只能是谣言当道了。

因此，我们在走到一段十字路口时，要有自己的主见，不要盲目跟风，要结合自身情况选择适合自己的路，而不是哪条路走的人多就选择它。

有时候，盲目跟风和我们的眼界也有关系，因为目光短浅会导致没有自己的想法，不知道自己适合什么，不适合什么，然后就选择别人走过的路，殊不知别人走过的路已经没有了新意。

西班牙思想家格拉西安说："要了解自己的性格、才智、判断力与情绪。不了解自己，就无法驾驭自己。为了能明智地处理事情，应该精确地估计你的明慎程度和领悟能力，判断一下自己会怎样迎接挑战，探探自己思想的深度，量量自己资源的广度。"

　　大千世界，每个人都是不一样的。有的人温柔，有的人粗鲁；有的人机灵，有的人古板；有的人坚强，有的人脆弱。我们首先要做的还是认清自己，找到适合自己的路。仔细想想，但凡成功人士都是有主见的人，胆小怕事和随波逐流的人则注定是人生的失败者。

　　生活的态度取决于个人想法，一个毫无想法的人一定不是一个懂生活的人。人只有有主见，才能知道自己真正想要的是什么，才能抵御内心的迷惘和不安，做事才不会杂乱无章，才不会一味跟风，随大流。

　　有主见的同时，你还要学会知足，不要做什么都抱怨，要放平心态，偶尔迷惘是正常的，但是要迅速调整状态。喜欢什么就去做，讨厌一个人就别去想他，反感现在的生活就换另一种生活方式，压力大了就出去旅行，内心平静了，生活自然就会变舒服。

　　有自己的主见，能把握自己的人生道路，学会接受也学会说不，珍惜现在拥有的一切也放下不属于你的一切，才能抵御迷惘和不安。

03 停住匆匆赶路的脚步，
倾听自己内心的声音

《奔跑不只为第一》感动了很多人。"奔跑不只为了第一，选择真实的自己，有多少路可以上山岗，你要亲手去开辟。奔跑不只为了第一，倾听内心的声音，每一步都在证明你存在的意义。"

我们有时会分不清头脑中的决断和内心的声音。其实我们真正倾心的东西深深埋藏在心底，我们最想活成的样子也在心底。在为生活所迫而匆忙奔波的时光里，不妨停下来，听听自己内心的声音。

村上春树在 22 岁的时候遇到了他的一生挚爱阳子，结婚后两个人在地下室开起了酒吧。村上春树喜欢爵士乐，晚上酒吧就放他最爱的爵士乐。但是一切并没有想象中的顺利，酒吧生意不好，不到三年，两人就因还不清贷款被迫搬迁。后来虽然换了一个亮堂的店铺，但是随之而来的还有新的债务。

对此，村上春树感慨地说："总也无法不慌不忙地静下心来，竟成了我的人生主旋律。"即便如此，他依然坚持做自己喜欢的事情：读书、听爵士乐。

30岁那年，在一次观看棒球联盟的揭幕战时，村上突然莫名地产生了写小说的欲望。他形容说："有什么东西慢悠悠地从天上飘下来，而我摊开双手牢牢地接住了它。"

他的首部小说《且听风吟》是在每晚妻子睡下之后写的，开始他也觉得辛苦，但是因为喜欢，所以一直坚持。可喜的是这部小说一出版就获奖了。

两年后，就在酒吧生意步入正轨的时候，他下决心做一名职业小说家，专职写作。很多朋友劝他别那么冲动，但是村上春树十分坚定地说："这是人生的紧要关头，得当机立断，痛下决心，哪怕一次也行。总之，我得拼尽全力试试写小说，如果不成功也没关系，从头再来不就行了。"

内心的声音向我们传达的往往才是最真实的情感和最想实现的梦想，它告诉我们要走自己向往的路，哪怕它坎坷颠簸、布满荆棘。

另一位日本作家渡边淳一也是如此，他弃医从文的原因是他逐渐发现自己最适合的不是给人做手术，而是写作。他说："我至今给数不清的人亲自动刀，看见血，找神经，触及骨，而且看见死。对于人体，起初的三年只是恐怖和惊异，接着的三年有梦想，再三年就只有那种顺从绝望，终于开始觉得自然科学实际上是和浪漫毗邻而居的。"

村上春树毫不犹豫地关掉赖以维持生计的店铺去写小说，渡边淳一弃医从文。做出选择的时候，他们一定不知道在前方等待自己的究竟是殿堂还是深渊，但他们确定那是自己最真实的想法和感受。

别总是马不停蹄地奔走，却从不曾真正静下心来问问自己："我到底想要什么？"只有善于聆听自己内心声音的人，才能活得舒展而灵动。莎士比亚说过："忠于你自己！"只有忠于自己的内心，做自己感兴趣的事，才能获得内心的平静。

有些人只顾匆匆赶路，根本不考虑方向，连自己喜欢什么都不知道，毫无疑问，这样的人已经失去了努力的意义。

前段时间读慕容莲生的《没有猫到不了的地方》，前言中有这样一句话："人倒是可以学点猫的功夫。学猫的独立、优雅、松慢以及永远的自信。猫说走就走的本事，要不要学几分？为什么不呢？活着，实在没理由不跟随自己的心。"

的确如此，我们不如像猫一样松慢，活得轻松些。不要光顾着匆匆赶路，偶尔也可以停下来欣赏一下路上的风景。偶尔也需要倾听内心的声音，停下脚步看看走过的路，是不是从未浪费过时间，眺望一下前方的路，是不是值得继续前行。

有时候匆匆走过，就会错过很多东西。偶尔停下来感受一下也是美好的，清晨第一缕阳光照在身上时的温暖、公交车上让座时的善意、一群小朋友嬉闹玩耍时的天真……请不要忽略它们，用心观察沿途的风景，给心灵一个放假的机会。

我们无法左右人生的长度，但是可以改变人生的宽度。如果你选择匆匆度过一生，老了之后回忆起来难免会觉得特别失败。但是如果你放慢生活节奏，喝咖啡就是喝咖啡，读书就是读书，而不是工作时喝咖啡为了保持清醒，考试路上读书为了多得几分。其实终点并不是一生的追求，如何走到终点才是最重要的。

04 对自己有要求的人，
不会随波逐流

我们最该害怕的不是自己活得一无是处，而是活得随波逐流。随波逐流的人就像墙头草一样，没有根基，毫无方向，毫无目的，风往哪边吹就往哪边倒。

随波逐流大概是许多人的通病。看到别人炒股赚钱了，无论如何也要入市；看到别人的火锅店赚钱了，赶紧把自己所有的资金投进去也开一个；看到别人种番茄赚钱了，想都不想就把一地的黄瓜拔了改种番茄。

现实中越是这样越应该保持头脑清醒，适合别人的并不一定适合你。在时代的浪潮前，你要看清自己的能力，找准自己的发展方向。

随波逐流，随的是大势，逐的是利益。随波逐流者永远都不会停下追逐的脚步，每天都很忙碌，到最后就完全没有了自己的灵魂。因此，只有坚持自我才能不改初心。

英国温泽市政府大厅因为只由一根柱子支撑而闻名于世。300 年前，建筑设计师克里斯托·莱伊恩承担了大厅的设计任务，他利用自己多年的理论知识和实践经验选择了只用一根柱子支撑大厅的天花板。

验收大厅时，市政府官员认为一根柱子无法保障安全，让他再加几根。莱伊恩坚持自己的观点，相信一根柱子足以支撑起整个大厅。他的这种行为惹恼了市政府官员，差点被送上法庭。

莱伊恩开始为难起来，他既想坚持自己的观点又不想与市政府官员作对。最后他终于想出了一个两全其美的办法，他的确增加了四根柱子，只是这四根柱子并没有与天花板接触，只不过留下的缝隙人站在地面上无法察觉。

20 世纪 90 年代末这个秘密才被发现，中央柱子的顶端还刻有一行小字："自信和真理只需要一根柱子。"

当自己对认定的事情和目标笃定时，就不必在意别人的看法和受他人的影响，坚持自己，相信自己。但凡有所成就的人，绝对不是随波逐流、摇摆不定的人。

小泽征尔是世界著名的交响乐指挥家，他在一次世界优秀指挥家决赛中因为相信自己而获得了冠军。比赛中他按照评委给的乐谱指挥乐队演奏，却发现了不和谐的声音。开始他以为是乐队的问题，就停下来重新演奏，结果还是跟上次一样。他便觉得是乐谱有问题，但是在场的权威人士都说没有问题，是他错了。他思考过后斩钉截铁地说："不！一定是乐谱错了！"话音刚落，评委们立刻站起来送上了热烈的掌声。原来这是他们精心设计的圈套，之前虽然也有参赛者发现了这一问题，却没有像他这样坚持自己的判断。

有时候，我们下决心做一件事之前，总是顾虑太多，思前想后还要考虑别人的想法，到最后还是选择走大多数人走过的路，把大众的想法作为自己的想法。

我以前有个女同事，胖胖的，就是典型的没主见的人。

今年哪款衣服流行了，不管三七二十一就买来穿在身上，她说管它穿着好看不好看，时尚就行。有同事劝过她减肥，她说男朋友就喜欢她胖，显得可爱。她男朋友喜欢杨幂，杨幂换发型她就跟着换。后来男朋友和她分手了，理由是她太胖。

我喜欢荷花，因为荷花"出淤泥而不染，濯清涟而不妖"。它虽然生长在污泥之中，却没有沾染上那份污浊，洁身自爱，不随世俗，而那些随波逐流的人便缺少荷花的这份骄傲。

随波逐流的人会把心盲目地交给别人，随意接受别人的意见，但是从来不思考这些于自己是否真的有意义。

随波逐流的人就如黄河里的泥沙，随着水的流动而流动，最终也只是黄河中不起眼的泥沙。随波逐流的人像浮萍，也像柳絮，看起来自由自在，无忧无虑，却永远不能决定自己的方向。他们总是盲目地追求潮流，还为自己穿梭在时尚的最前沿沾沾自喜。但是没有目标，对自己没有任何要求，这一生都将碌碌无为。

随波逐流的人会根据大众的审美眼光来改变自己，慢慢地失去自己的特点，变得普通，毫无个人魅力。看见别人在跑步，自己也赶紧跟着跑起来，却忘记了自己是出来散步的。没有个性，没有主见，最后只会迷失自我。

希望我们每个人都是在微风中翩翩起舞的蝴蝶，可以活出自己的态度。而不是被大风吹得四散飘零的树叶，不清楚自己前进的方向。

05 把能做的事做到最好，就是不平凡

有一句话我觉得很有道理：虽然你表面上活得现实，但是内心里永远住着王子和公主。我们虽然有时候看起来屈从于现实，但内心总是不甘，常常幻想着只做自己喜欢做的、想做的事情。每天拿着3000块的工资，却梦想着花出3000万的气势。

可能有人会说想做点什么总比什么都不想好，话虽如此，但是想法要贴合实际。比起想做什么，能做什么更为重要。如果前者是突如其来、心血来潮，那么后者就是一种力所能及的现实状态。前者往往是对现实的逃避和对自我认识的不足，而后者则是拼尽全力的状态。

认清现实比什么都重要，既要看到自己的优势，也要看到自己的不足。就像太阳东升西落，这是永远不变的事实，没有什么事物会因为你的想法而改变，虽然改变不了大环境，但是

小环境可以由自己控制。如果改变不了太阳升起的时间，那就改变自己的起床时间好了。

很久前看过一个故事，印象非常深刻。故事讲的是在国外的一个农场，一位 17 岁的少年不幸患上小儿麻痹症，除了能说话，眼睛能动外，他不能做任何事情。医生对男孩的妈妈说："没有指望了，你的儿子活不到明天。"男孩听见后对自己说："这太残忍了，我不能让他的断言实现。"

第二天医生来的时候男孩不仅活着，精神反而更好了。医生惊讶过后对男孩的妈妈说了更残忍的话："你的儿子就算能活下来，也永远站不起来了，他将会终生瘫痪。"

男孩同样也打破了医生这个可怕的预言。多年之后，男孩不仅站起来了，还在一个夏天靠一艘独木舟独自一人畅游了密西西比河。

他叫米尔顿·艾瑞克森，是一位知名的催眠治疗大师。他是色盲，只能分辨出紫色；还是音盲，没有办法欣赏音乐；有严重的阅读障碍，16 岁才发现字典的字母顺序。

你看，现在你还觉得不公平吗？上天几乎把艾瑞克森所有与人交流的通道都锁起来了。但他还是认真地生活，既然做不了的事情很多，那就干脆不做；既然只能分辨紫色，那就穿紫色的衣服，用紫色的杯子，把办公室和家也变成紫色；既然不能欣赏音乐，那就干脆不听；既然不知道字典的顺序，那就逐个去找。

小儿麻痹症伴随艾瑞克森一生，他的病经常复发，导致肌肉不断萎缩，视力、听力也随之下降。他虽然站起来了，但是右半边的身体没有一点力气。而且，他还患有痛风和肺气肿。

70多岁时由于身体上的疼痛，他要花数个小时进行疼痛管理，穿衣服和刮胡子这么简单的事他都要费很大的力气，尽管这样，他还是保持着乐观积极的心态。1974年的一天，他对自己的学生说："今天凌晨4点，我觉得自己可能会死掉。中午的时候，我很高兴我还活着，我从中午一直高兴到现在。"

艾瑞克森一辈子都没有抱怨过，他总是在力所能及的范围内做到最好。

古罗马皇帝马可·奥勒留在著作《沉思录》中写道："要想获得幸福与自由，必须明白这样一个道理，一些事情我们能控制，另一些则不能。只有正视这个基本原则，并学会区分什么你能控制，什么你不能控制，才能拥有内在的宁静与外在的效率。"

哪怕只是一瞬间，别和自己过不去，也别和他人过不去。高兴就笑，难过就哭。别为难自己，把自己能力范围内的事做好就可以，不要整天空想，要知道自己能做什么，而不是你想做什么。

你想在公司升职，多涨点工资，那么你可以努力工作，多提一些有用的方案；你想让城市恢复清洁，想再次看见蓝天，那么你可以少制造点垃圾，减少污染；你想让中国发展得越来越好，被全世界认可，那么你可以努力学习报效祖国，并做一个有素质的中国人。

奥地利心理学家维克多·弗兰克尔的父母、兄弟、妻子全部死在纳粹集中营里，他因为医生的身份才没有被杀害，但是也受到了残酷的虐待。

在经历了无数次折磨之后他想明白了一件事，他身上唯一不能被剥夺的就是他的意志，身处纳粹集中营，他唯一能控制的就是自己精神上的自由。正是凭借着这一点，他才能熬过那段艰苦的时光。只要意志还受自己控制，那就没有什么过不去的。

我们也是一样，别羡慕别人的风光，别感叹世事无常，给自己一份坦然、一份平静，用一颗平常心，将自己的生活经营得更好吧！

你与人生赢家，
只差一份高效可行的计划

探险家约翰·戈达德在 15 岁的时候就给自己列了一份"生命清单"，清单中共有一百二十七个具体计划：探索世界著名大河，攀登世界著名山峰，研究原始部落等。

戈达德在完成计划的途中多次死里逃生，被河马和鳄鱼袭击，被毒蛇咬伤，差点被沙尘暴吞噬，在 40℃的沙漠中被困，经历过飞机失事，遭遇过地震。但是他一直坚持，在生命结束之时清单也要全部完成了。

这两天看到一个段子：新的一个月又开始了，是时候把上个月的计划拿出来改改时间了。知道你为什么直到现在还只是窝在几十平方米的出租房里抱怨马桶总是堵、楼上总是很吵吗？原因就是你从来没有计划。

或许你要反驳我，说自己有计划，但是你不得不承认你的计划只是摆设。从来没有认真实行过，每天只是躺在舒服的沙发上幻想自己将来有一天也能住别墅，开豪车，成为所谓的人生赢家。直到下个月来了，你又开始励志。

前段时间大火的电视剧《我的前半生》中，罗子君第一天去上班的时候高跟鞋被挤掉了，她向贺涵求助却被拒绝。

贺涵晚上吃饭的时候向她解释没有帮她的原因：实战之前，必须预演，以排除一切意外的可能。没有人在乎你所谓的特殊情况，更没有人有心情有时间听你解释。如果出了问题，那么就一定是你有什么地方没有做好。

这便是计划的重要性，我们都是平凡人，没有预测未来的能力，所以就要提前准备好一切，决不打无准备之仗。每一天结束都要总结一下，体验收获的快乐，同时也要吸取失败的教训。第二天依旧要有满腔热血，这样才能保证你的所有计划有条不紊地实施。

有一句话这样说："机会是留给有准备的人的。"你不知道机会什么时候会出现，所以只能做好准备等待它，等到机会真的出现在面前了，才可以不那么惊慌失措以至于失去它。

有的人羡慕被苹果砸中的牛顿，抱怨这么好的机会为什么自己遇不到，可是我们仔细想一想，如果是自己被苹果砸中了，会不会仅限于发个朋友圈说自己被苹果砸了，然后吃掉这个苹果或者兴高采烈地跑去买一张彩票呢？换句话说，事情的关键并不在于这个苹果，而在于被砸中的牛顿。

　　每个人都想拥有类似牛顿的人生，想过轰轰烈烈的日子。可是没有什么东西是可以不劳而获的，想得到就要付出。有些人总是内心想法很狂野，行动起来却很温柔，思前想后又恨自己不切实际，每天活在纠结之中，就这样恶性循环。

　　难道没有办法改变这个恶性循环吗？

　　当然有，那就是制订一份高效可行的计划并且每天按时完成，这个过程刚开始可能无法适应，但是一定要逼迫自己养成习惯。不过同时也需要结合自身的实际情况，避免盲目从众。

　　我一个月前去云南旅行了一次，回来之后跟朋友们说很值得一去。上周有个朋友也要去，就打电话向我询问，我大概跟她说了一些注意事项，但是我万万没想到她一路一直给我打电话。我是跟团游，她是自由行，我们的行程肯定有所不同，她却连在哪里应该吃什么都要问我。这样的旅行便失去了旅行本身的意义，我说什么她就做什么，一切都没有了新鲜感，什么都是按照我喜欢的来进行，她完全复制了一遍我的行程。

　　爱迪生说过一句话："天才是百分之一的灵感加百分之九十九的汗水。"我们是普通人，可能没有那百分之一的灵感，所以有些人就开始盲目地复制成功人士的人生，看见别人创业成功了，你也有模有样地学起来，连计划都要抄袭别人的，这样走到最后就可能不再有自我了。

　　每个人都是不同的，思维不同，阅历不同，资源不同，所以不要盲目跟风，要有自己的计划，要活出属于自己的骄傲。

　　虽然我们每个人的生活方式都有所不同，但是，有计划的生活带给我们每个人的结果是一样的，只要你肯坚持，每天按照制订好的计划前进，早晚有一天你会发现，你期待的未来正在微笑着向你走来。

　　你与人生赢家之间并不差什么。只要你肯付出努力，认真地完成自己的计划，而不是躺在柔软的床上幻想未来的美好生活。

07 不知道将来做什么，
就先做好眼前的事

在我的大学同学群里，常有同学说："好迷惘啊。"后面就引来一串附和："是啊，不知道该干什么。""最可怕的是，我压根不知道自己适不适合做现在的工作。""才换工作半年，我又想跳槽了。"

刚毕业那两年，我也曾迷惘不已，直到读了刘同的《谁的青春不迷茫》。刘同在书中向我们讲述了自己对过去十年的感慨和认识，从大学开始直到工作，他用这十年经历的人和事告诉我们，每个人都有过青春的迷茫。我也在作者的身上找到了答案："只有看清自己，才能走出青春的迷茫。如果你也对未来感到迷茫，对现在的生活状态感到焦虑，那一定要强迫自己静下心来，做好眼前的事，慢慢改变生活现状。"

新东方教育的创始人俞敏洪说过这样一句话："其实我们不需要去考虑这辈子到底能够走多远，我们需要做的就是像骆驼一样在沙漠中行走，一步一个脚印地向心中的绿洲前进。我们甚至不需要考虑自己能够走多快，只要努力做好眼前的事，知道自己在不断努力向前，你就离成功不远了。"

1978 年，俞敏洪第一次高考，英语只得了 33 分。第二年又考了一次，英语也只有 55 分。随后他参加了县里办的外语补习班，之后，他的成绩进步得很快。1980 年的高考，他考进了北京大学的西语系。

他的大学生活也不是很顺利，因为不会说普通话从 A 班被调到 C 班，因为得了肺结核休学一年，好在毕业之后留校做了一名英语教师。在过了两年平淡的生活后中国掀起了留学热潮，俞敏洪打算出国打拼，可是一切就是那么巧，虽然他托福考了高分，但是 1988 年美国对中国实行紧缩留学政策。就这样，在校成绩不是很优秀的他准备了三年半的留学梦破灭了，随之而去的还有他的全部积蓄。

为了生活，俞敏洪出去兼职教书，还和几个同学合伙儿办托福班。但是好景不长，因为打着学校的名义私自办学他被公开处分。

1991 年，他被迫辞职，前途未卜，生活暗无天日，但正是这些磨难让他对培训行业有了进一步的了解。

离开北大后，俞敏洪就在一个叫东方大学的民办学校办培训班，那年他 29 岁，他还是想赚钱出国留学。他的这段创业经历我最近正好在卢跃刚写的《东方快车》中读到过：他在中关村第二小学租了间平房当教室，外面支一个桌子，放一把椅子，"东方大学英语培训班"正式成立。第一天，来了两个学生，看着"东方大学英语培训部"那么大的牌子，只有俞敏洪夫妻俩、破桌子、破椅子、破平房，登记册干干净净，人影都没有，学生满脸狐疑。俞敏洪见状，赶紧推销自己，像是江湖术士，凭着三寸不烂之舌，活说死说，让两个学生留下了钱。夫妻俩正高兴着，两个学生又回来了。他们心里不踏实，把钱要回去了。

虽然非常困难，但在拼命干了一段时间之后，俞敏洪的培训班终于越来越好了。这时，他有了自己办班的想法。1993年，在一个只有十平方米的破平房里，他创办了北京新东方学校。

俞敏洪说，当时成立新东方，只是为了活下去，为了多赚一点钱。他也没有预料到新东方有今天的成功，他说最初只是为了糊口。

不要总是对未来的生活充满焦虑，未来并不会因为你的焦虑而变得温柔，你越害怕，未来就越粗鲁。我们能做的就是过好现在的每一天，认真生活，完善自己，更优秀地拥抱未来。古人云："千里之行，始于足下；合抱之木，生于毫末。"这句话的意思就是告诉我们从点滴小事做起，要想做大事，就必须先将眼前的事做好。

　　苏格兰历史学家托马斯·卡莱尔也说过这样一句话："我们的首要任务，并非触及遥远的地方，而是处理眼前的工作。"

　　我们总是幻想着天边有神奇的花园，却忽略了盛开在眼前的娇艳的玫瑰。不要被理想占去生活的全部，它可以指引方向，但是实现理想的每一步都要靠自己去开辟。可能会有人说这很矛盾，但这就是现实，不要安于现状也不要活在未来，我们要活在当下，并为未来而努力奋斗。

　　如果你在接下来的日子里感到迷惘，不知所措，不要为难自己，活好当下就好。认真做好每一件小事，所有困难都会迎刃而解。

第二章

只有足够努力足够优秀，才能遇见好运气

世间最困难的事莫过于持之以恒，
一件事坚持一周不算什么，
坚持一个月也不算什么，
甚至坚持一年也不算什么，
只有数十年如一日地坚持才是最难能可贵的。

01 不够幸运？
那是因为你还不够努力

我经常听到身边的人抱怨自己不够幸运，很多人都是这样，甚至考试通不过也怪在运气差的头上。

以前读大学的时候，我的两个室友在多次找实习未果后打算考研。一个每天超级努力，恨不得住在图书馆。另一个在寝室躺着学习，睡觉的时间多于看书的时间，还每天讽刺认真学习的太傻。果然出成绩的时候比较努力的考上了，另外一个说："我只是运气不太好而已，没什么的。"

知名主持人何炅在一次采访中说："想要得到，你就要学会付出，要付出还要坚持。如果你真的觉得很难，那你就放弃，但你放弃了就不要抱怨。人生就是这样，世界是平衡的，每个人都是通过自己的努力决定自己生活的样子。"

鲁迅也说过："哪里有天才？我是把别人喝咖啡的工夫都用在工作上的。"无论你是什么职业，要想有一番作为，绝对不能光靠运气，付出与收获总是成正比的。你见过哪个每天躺在床上的人被钱砸到过？

前两年因出演周星驰导演的电影《美人鱼》而一夜成名的林允，有人说她是幸运的，也有人质疑，从来没有任何拍戏经验的她凭什么第一部戏就接得这么成功。但她是经过了 12 万人的海选，从"四十三强"拼到"十三强"，再到"六强"，最终获得冠军。

而且影片的拍摄过程也十分辛苦，不但要下水拍摄，还有美人鱼被弹飞等高难度危险动作。她在接受采访的时候回应关于大家对她的质疑："别人越羡慕，说明我付出的就越多；你看到的我有多幸运，我就有多努力。"

《越努力越幸运》中有这样一段话："每一个幸运的现在，都有一个努力的曾经。世界只看结果，成功的人看起来都像幸运儿！"的确如此，世界只看结果，没有多少人注意幸运儿努力的过程。

就像现在修好的公路，极大地方便了人们的出行，而大多数人只看到了公路，却不知道修路的过程是多么艰辛。每一个光鲜艳丽的身影背后，都有一段努力的时光。

因为参加《中国好声音》而成名的张碧晨，每个人都在感叹她的幸运，参加比赛的人有那么多，只有她能一路过关斩将，坐上冠军的宝座。但是没有多少人关心她今天的成就是如何一点一点积累起来的。没有人是与生俱来的王者，所有的冠军都是靠汗水与泪水堆砌起来的。

张碧晨在回国参加《中国好声音》之前在韩国做练习生，据她介绍，她到韩国的前三个月，被密密麻麻的课程占去了大部分时间。后面她与其他六个女孩以女团的形式出道，与开始说的给她出个人专辑完全不一样。她说她当时韩文很差，唱韩文歌还得标拼音。又过了一段时间公司不管饭了，集体宿舍也没了。合同规定每天能吃两顿饭，但是张碧晨连续一个月每天只能吃得起一袋泡面。首尔的高房价压得她开始四处借宿朋友家，生病了没有医保只能胡乱去药店买药吃。直到父亲去看她，父亲抱着她说不要她当明星，他只想要一个健康的女儿。

现在你还觉得张碧晨是幸运的吗？她幸运只是因为她比其他人更努力，她在我们看不到的地方付出了很多倍的代价。

明天你的生活会怎样，都是由你今天的付出来决定的。不要年纪轻轻就抱怨，比你努力的人数不胜数，你凭什么在这里祈求上天的眷顾？

可能你羡慕维密走秀的超模，说她们是幸运的，好身材是天赋，但是为了穿上翅膀戴上头饰她们要进行负重训练，既要控制体重又要强壮有力；可能你羡慕某个NBA球星，说他们是幸运的，身高与生俱来，但是你不知道他们的训练方式，你不知道他们在球场上所受的伤痛，你只看到了他们的风光。

　　每天睡醒之后你都有两个选择：第一，睁开眼睛，发现时间还早，继续做你的美梦；第二，睁开眼睛，洗脸刷牙，开始一天美好的生活。世界上能登上金字塔的生物有两种：一种是鹰，一种是蜗牛。虽然成功与天赋有关，但是最重要的还是自身的努力，以及抵制外来因素的诱惑。只要你有一颗坚定的心，就没有什么失败可言。只要你肯坚持，失败其实也是一种成功。

　　网红作家赵星在《不要让未来的你讨厌现在的自己》一书中写道："我们不能决定十年后自己干什么，但我们能决定今天干什么。活在当下，尽自己最大能耐过好每一天，做好每一件当前的事，不抱怨，不敷衍，不放弃，从容地向着自己内心的模样前进。十年后即使不能长成自己心中的模样，但也不要长成连自己都觉得恶心的模样。"

02 不要假装努力，
结果不会陪你演戏!

我们生活的时代，节奏太快，安全感几乎为零。尤其是生活在一线城市的人，如果不失眠，不焦虑，在别人眼里大概就是混吃等死的咸鱼，甚至自己也容不得自己放松。因为朋友圈晒的除了早起锻炼就是深夜看书，所有人都在表现自己的努力。

我们的内心深处也在告诫自己，除了努力你一无所有。生活是自己的，没有人可以代替你，所以一旦自己活得像条咸鱼，就会有负罪感。

记得我上学的时候，班里有一个非常努力的同学，我们学习的时候他在学习，我们吃饭的时候他的手里也捧着一本书，连我们玩的时候，教室里那么吵，他都无动于衷地坐在座位上学习。但是并没有看到他的成绩进步，老师就很替他着急，他那么努力，怎么就是看不到他的进步呢？

老师不明白，我们心里明白，大家都是孩子，自制力哪有那么好。他只是在假装努力，上课的时候经常开小差，导致听不懂，下课就想把不明白的地方弄懂，但是学习的时候大家都在玩，所以他心里又想着玩。虽然眼睛在书上，但是心并不在。

而成绩好的同学大多是上课特别认真，注意力特别集中的那一部分人。反倒是那些看起来不给自己休息的时间，一直刻苦学习的学生，因注意力不集中而学习效率很低，所以成绩就很一般。

真正的努力，不是比谁花的时间更多、谁睡的觉最少，而是要找到合适的方法，做一件事情的时候就全身心投入，学习是这样，工作是这样，休息的时候也应该是这样。

我以前有一个同事，全公司就数她最努力，早上最早一个到，晚上最晚一个走，老板都熬不过她，但是她也是全公司业绩最差的一个。有一次我在她的办公桌旁打印文件，无意间瞟到她的电脑桌面，满满当当的与工作无关的软件，她正坐在那跟男朋友聊微信说公司今天又加班。我们公司其实很少加班，就算加班也是自愿原则。我当时就知道了，她只是在假装努力，骗其他人，骗自己，业绩最差是有原因的。

骗自己容易，骗其他人更容易，但是现实是不容许有任何欺骗的，现实的脾气很暴躁，眼里容不下沙子，你欠下的债早晚会被他连本带利地讨回去。

书上说你必须要努力，才会遇见更好的自己。于是我们就开始努力，每天马不停蹄，但是我们真的在努力吗？

你是不是也一边读书一边刷微博，看进去的章节很快就忘了，于是你读不读书没有任何区别；你是不是也每天早起去小区楼下跑步，看起来满头大汗，其实才消耗完糖类还没有开始减脂，于是你每天跑步并没有变得更瘦；你是不是也每天熬夜加班，凌晨 3 点还发朋友圈说太累了，其实你可能只是为了这条朋友圈而熬夜，于是你每天加班却不见工作有任何进步。现在你还敢说自己在努力吗？

有时候，戏演多了，就真的进入角色了，连自己都相信自己真的在努力，于是每天重复这种生活，不见任何进步。你可能会被自己努力的假象所蒙蔽，但是结果不会陪你演戏。

我记得一位很有成就的企业家说过："无论你是自己创业，还是在职场，都要记住，你不是在给别人打工，你是在为自己工作，为自己积攒经验和人脉。你总有离开公司的那一天，而你的经验和人脉是别人抢不走的，都会丰富你的人生，增加你的价值。"

360 董事长周鸿祎在给新员工的一封信中也这样写道："年轻人，不要在公司混日子，不要在意 Title（职务），而是要多学习，长本事，有了本事即使以后离开 360 到其他公司，一样有用武之地，一样能谋得生计。"

所以不要只做表面功夫了，假装努力只会让你得到暂时性的安慰，难道你真的要戴着面具生活一辈子吗？然后到了白发苍苍时回忆自己这一生就真是应了那句话："人生如戏，全靠演技。"

三毛说过："我们不肯探索自己本身的价值，我们过分看重他人在自己生命里的参与。于是，孤独不再美好，失去了他人，我们惶惑不安。"

人类是虚伪的动物，太在意别人的眼光，有时觉得自己不努力就会被其他人瞧不起，但是如果你只是在假装努力，那还不如踏踏实实地做一条咸鱼。

所以，年轻人，不要活在别人的阴影里，要活出自我，真正地努力生活。看书就是看书，锻炼就是锻炼，工作就是工作。大树只有将根深深地扎进土里，才会更加枝繁叶茂！

03 当你越来越优秀时，
自然就会有人关注你

三毛曾说："岁月极美，在于它必然地流逝。春花，秋月，夏日，冬雪。你若盛开，清风自来。"

我们有很多想要的东西，但是从来不存在不劳而获。只有你去争取，尽力做好一切，才有机会得到你想要的。

为什么有篱笆的阻挡牵牛花才能一路向上？为什么有山川的阻挡江河才更显壮阔？为什么有风雨的阻挡才更显雄鹰的坚强？因为生命的精彩注定是谁也没有办法阻挡的。让自己活成一棵即使在悬崖上，也一样能长得枝叶繁茂的大树，让整个人生焕发光彩，你心里想要的一切都会到来。

我觉得赵丽颖便很好地印证了"当你越来越优秀时，自然就会有人关注你"这句话。今天提起赵丽颖，首先给人的印象就是一线明星，但是她也是一步一步从配角走过来的。

她刚入行时，导演对她说："圆脸不能演主角。"甚至有导演劝她去垫垫鼻子，整整下巴。但是她始终坚持自我，她说："不要用别人的标准，为自己的人生画线。"

我们只看到了她光鲜的表面，却不知道她是怎么走到今天的位置的。她出生于农村，没成名之前演了整整七年的配角。她在拍戏期间极其认真，拍摄《宫锁沉香》时，有一场骑马中箭的戏，拍摄时马受到了惊吓，她直接从马背上摔了下来。

导演潘安子说："我们知道为了拍摄效果，这时候不能护，但她对自己太狠，直接叫大家都走开，然后她从马上摔了下来。每个成功的演员背后，都有不为人知的辛苦。"

我们每个人都应该这样，不能光想要光鲜亮丽的生活，但是又不去努力，天上永远不可能掉馅饼。想要成功，就要改掉浑身的臭毛病。

只要一个人变优秀了，就不怕得不到重用。当你越来越优秀时，自然就会有人关注你；当你越来越有能力时，大家自然都会看得起你。但是你要从现在开始改变自己，不要等一切都来不及时才感叹什么想当初、如果，世界上可没有卖后悔药的。

我以前是个超级爱抱怨的人，每次遇到烦心事了总是先找外因，甚至有时候责怪天气，直到有一次发牢骚的时候被我爸听见了。本来那天打算出去看电影，结果上司让我帮她整理一份文件，但是那不该是我的工作，所以我就在家里摔东西抱怨："平时看不见我，一有点鸡毛蒜皮的小事就找到我头上了，干了这么多活，工资怎么不见涨啊？"我爸开始没理我，我一边工作一边在那抱怨。大概要做好的时候我爸终于说话了："总说人家看不见你，这么个破玩意儿你都做了三个小时，其他的工作你能胜任吗？自己没达到要求就不要总抱怨，你要是真的优秀早晚能顶替她的位置。"我是不服管教的人，想跟我爸顶嘴，但是觉得他说的没错，也就闭嘴了。

生活就是这样，本身就是麻烦不断，没有什么事可以令所有人都感到满意，所以要有豁达的心态，把所有的痛苦都化作前行的动力。要相信，当你越来越优秀时，自然就会有人关注你。

04 明明可以靠脸，
却偏偏要靠才华

贾玲昔日一张清秀的照片被网友翻出来后，大家惊讶地发现，自嘲经常跟男生掰腕子的贾玲竟也曾经"女神"过。

而贾玲在微博上回应道："我深情地演绎了明明可以靠脸吃饭，却偏偏要靠才华。"引发众多网友热议和共鸣。

上天给你一张漂亮的脸蛋，的确可以比别人获得更多机会。但如果自身空无一物，光靠美貌填充，向往的生活只是妄想。美貌若能搭配才华，注定会走得更远。

女主持人董卿就是明明可以靠脸吃饭，却偏偏要靠才华的人。最开始记住她只是觉得她长得真漂亮，端庄大方的样子很有气质。到后面她开始主持春晚和《中国诗词大会》《朗读者》，我就越来越佩服她的才华，甚至她的一举一动都散发着书香气息。

就算成名很久，董卿依然不放弃读书学习，这是从小养成的好习惯，让她得以在后来的工作和事业中，不断地充实知识储备和提高自身涵养。在一次节目中，董卿在采访坐着的翻译家许渊冲老先生和坐在轮椅上的"90后最美铁警"李博亚时，半跪着让他们可以平视自己。在主持节目踩空摔伤之后她依然坚持……她的这些如金子般闪闪发光的内在，就是仙女般好看的外表也不能相提并论的。

散文大家林清玄说过这样一句话："三流的化妆是脸上的化妆，二流的化妆是精神的化妆，一流的化妆是生命的化妆。"董卿，就是那个不断为自己生命化妆的女人。

一个年轻漂亮的女孩波尔斯在美国一家大型网上论坛金融版上发表了这样一个问题帖，帖子的内容大概是说自己非常漂亮，是那种让人惊艳的漂亮，谈吐文雅，有品位，想嫁给年薪50万美元的人。还有几个具体的问题：有钱的单身汉在哪里消磨时光？为什么有些相貌平平的女孩能嫁入豪门？有钱人怎么决定谁能做妻子，谁只能做女朋友？（她现在的目标是结婚）。

一个华尔街投资顾问给她回帖："亲爱的波尔斯，我怀着极大的兴趣看完了贵帖，相信不少女士也有跟你有类似的疑问。让我以一个投资专家的身份，对你的处境做一下分析。从生意人的角度来看，跟你结婚是个糟糕的经营决策，你的美貌会消逝，但我的钱不会减少；所以我是增值资产，你是加速贬值资产。美貌消逝的速度会越来越快，如果它是你仅有的资产，十年后你的价值将堪忧。"

大多数女孩都有这样类似的想法，尤其是现在的年轻女性，有些不想走辛苦的路，总想靠着美貌去找捷径。美貌是一条捷径没错，但是它除了这一点优势之外还有很多劣势。

首先，如果美貌是你仅有的资源，那你的资源将随着时间的推移渐渐消逝。30岁以前可以敷面膜来保养你的脸，30岁以后若是还想继续保持年轻，就要在脸上投资，做美容等。所以说，美貌不但不是优势，反而存在劣势。

其次，美貌只是单项能力。比如在做项目谈合作的过程中，一个长相一般的人和一个长得漂亮的人同时去谈，开场可能是长得漂亮的更吸引大家。但是生意人投资的并不是合作方的脸蛋，而是的确可以看到收益的合作前景，美貌可能仅仅起到促进沟通的作用，而可以促成最终合作的还是专业能力足够吸引对方。

最后，太过漂亮还会被嫉妒。比如在工作中与老板或者客户交流过多，就会引起不必要的误会，或者只是漂亮没有业务能力就会被称作"花瓶"。

所以美貌只能作为我们的一点点优势，可以利用，可以把它作为与人沟通的桥梁，可以把它作为能力的放大器，但是你要知道它不是你的核心竞争力，也不能帮你快速取得进步，它并不是你的全部。

　　法国启蒙思想家伏尔泰曾说过："外表的美只能取悦于人的眼睛，内在的美却能感染人的灵魂。"何况时间从不等人，美丽的鲜花也终有凋零的一天，再好看的皮囊也不能让你风光一世，只有内在的才华才可以。

05 你最大的底牌，是实力

奥地利心理学家维克多·弗兰克尔曾在《活出生命的意义》中说过这样一个故事：一位中产阶层的绅士在纳粹军占领了他所在的城市之后，为了向纳粹军官证明自己的优秀，出示了各种荣誉证书，大学毕业证、杰出市民证等。纳粹军官看过之后问他："这就是你所具备的全部吗？"绅士连忙点头，纳粹军官随即将他的荣誉证书揉作一团扔进了废纸篓，然后对绅士说："现在好了，你什么都没有了。"于是绅士彻底崩溃了。

只要我们将外在的东西完全消化，用实力证明一切，我们就不会一无所有。

乐嘉刚出道时，没有任何头衔和荣誉，而且只是中专毕业。他2001年创办培训公司，大家都质疑他的水平。甚至他一个朋友的老板这样说他："像他这样连大学都没读过的光头，哪有什么文化，他有什么资格给我们公司讲课！"面对这样的冷嘲热讽，乐嘉自信地答复那个朋友："早晚有一天，你的老板会求着你以十倍的价格把我请回来。"

乐嘉说他是把这些质疑当成十全大补汤喝了下去，时不时拿出来激励自己，不断提升自身实力。他在《本色》一书中写过这样一句话："我每次写书写得想偷懒时，就想起他（朋友）老板的那句话，如同寒冬里洗个冷水澡，然后继续干活。"现在的乐嘉，可以说是当红主持人和畅销书作家了。

如果你想得到所有人的尊重，一定要下苦功夫，提升内在实力。而不是轻重倒置，想着走捷径得到一堆荣誉证书来证明自己，这些都是外在的东西，无法证明你真正的实力。一个人是否优秀，是要拿掉他身上的所有标签后依然可以发光发热。

希望我们所有人的努力都不会白费，希望每个人的付出都得到回报。面对质疑最好的解决方式就是用实力征服一切。

不要被一时舒适的生活所迷惑，往往最能毁掉一个人的就是安逸。平等是可以维持一段关系最长久的条件，包括婚姻。一个能赚钱，另一个也能经济独立；一个出去应酬，另一个也能自己打发时间；一个能升职加薪，另一个也越来越优秀。

不要在最该打拼的年纪担心自己没有未来，不要害怕无法成为自己想成为的人、无法做到想做的事，然后拼了命地加班，吃饭也是争分夺秒，草草了事。就算这样，有时结果也未必尽如人意。我们是应该努力，但是不要心急，要有目标有计划，收放自如的人生才完美。

世间最困难的事莫过于持之以恒，一件事坚持一周不算什么，坚持一个月也不算什么，甚至坚持一年也不算什么，只有数十年如一日地坚持才是最难能可贵的。畅销书作家李思圆在《生活需要节奏感》一书中写道："人生需要一个系统的规划，在每一个阶段，你都能抓住重点，找到方向，不至于迷失和走偏，最后你只需要按照自己的节奏，持之以恒地走下去，就一定可以过上你想要的人生。"

我们现在要做的就是从一点一滴的小事上改变自己的生活习惯，把平时刷朋友圈、刷微博、玩游戏的时间，用来学习技能，提升自身价值。然后再给人生定一个系统的规划，让自己拥有更多实力。

06 努力变得不可替代，要么出众要么出局

　　有的人羡慕破茧成蝶的美丽瞬间，却不想体会在茧里挣扎的痛苦；有的人喜欢凤凰涅槃的辉煌，却无法忍受在火中燃烧的疼痛。蝴蝶和凤凰一生只有一次机会，要么忍受疼痛从此出众，要么放弃新生从此出局。

　　人也是这样，你要么选择克服所有艰难险阻然后出类拔萃，要么选择唯唯诺诺然后做个无名小卒。有时候最可怕的不是摔倒，而是害怕摔倒而从来不敢大步向前奔跑。

　　经典电影《穿普拉达的女王》很完美地诠释了一句话：要么出众，要么出局。电影主要讲述了大学刚毕业的安迪进入一家非常有名的时尚杂志社做主编助理的经历，安迪从一位职场小白最终蜕变成一个出色的助理与时尚达人。

　　影片中主编米兰达叫所有助理的名字都是艾米丽，尽管女主角强调自己的名字是安迪，但是每次米兰达叫她的时候还是

叫艾米丽，安迪一开始总是被大家嘲笑，着装很土、工作中听不懂专业术语、给模特搭配的衣服不够时尚，等等。但是安迪并没有因为这些而放弃这份工作，她比别人更加努力，有什么不懂的地方就全部自学，受到批评的时候就虚心接受。

经过不懈地努力，安迪终于适应了米兰达的工作模式，米兰达也看到了安迪的进步，而且开始叫她的名字，安迪的所有努力都得到了认可，变成了有名字的一等助理。

不知道你们有没有发现，最近几年的选秀节目评委面前只有两盏灯，一盏代表通过，另一盏代表离开，没有什么中间选项，要么入选，要么淘汰。生活就是这样残酷，你要么努力做到最好，让大家看见你的闪光点；要么一直碌碌无为，平庸一辈子最终被生活淘汰。

公司前几天新来了一个实习生，那天因为工作报表做得乱七八糟被老板骂了，老板说他这么简单的工作都做不好不如回家睡觉好了，别出来浪费大家的时间，没有人愿意养个只吃饭不干活的人。

他听完老板的话后愤怒地教起老板该如何做人："你说话怎么这么伤人，我哪里做得不好你就告诉我啊，为什么说得这么难听！"

老板更生气了："你工作做得这么差还挺理直气壮的，什么时候轮到你教我说话了，爱待就待，不爱待就走。"

实习生摔门而去。

工作中本来就是这样的，不要玻璃心，职场从来就不是温馨的，大家在一起是为了给公司带来更大的收益，而不是互相嘘寒问暖。没有人会无缘无故跑来骂你，对方说的问题要赶紧改正，学到了真本事才能成为不可代替的人。无论什么时候都要记住，要么出众，要么出局。

有句电影台词很打动我："等风来不如追风去，追逐的过程就是人生的意义！"我们每个人都要习惯这样的生活，守株待兔的人只会饿死，一切美好的东西都要靠自己去争取。

以前总听人说没时间学习，没时间旅行，没时间打扮自己，我很不屑，觉得这些都是借口。后来自己也过上了朝九晚五的日子，才发现白天没时间做其他的事情，因为要工作，晚上就没力气了。这样的日子持续过了两个月，我忽然意识到自己活成了自己最不屑的样子。就像电影《肖申克的救赎》中说的那样："这些墙很有趣。刚入狱的时候，你痛恨周围的高墙；慢慢地，你习惯了生活在其中；最终你发现自己不得不依靠它而生存。这就叫体制化。"

我们千万要有自己的规划，别活在体制内，要学会利用空闲时间。一天结束后要反思：今天的工作真的占用了你很多时间吗？那么剩下的时间都去哪了？你今天与昨天相比有没有进步呢？人最不应该害怕寂寞，而是最怕把寂寞的时光都用来思考自己很寂寞，却不做出任何改变。

《追梦赤子心》的歌词唱出了我的心声："向前跑，迎着冷眼和嘲笑，生命的广阔不历经磨难怎能感到，命运它无法让我们跪地求饶，就算鲜血洒满了怀抱。继续跑，带着赤子的骄傲，生命的闪耀不坚持到底怎能看到，与其苟延残喘，不如纵情燃烧，为了心中的美好，不妥协直到变老。"

是啊，我们就是要为了心中的美好，不妥协直到变老。也许追梦的路不平坦或者布满荆棘，也许中间会听到许多令你沮丧的声音，但是就像歌里唱的那样："生命的广阔不历经磨难怎能感到。"

生活其实就像一座大山，如果你想一览众山小，那么就要一直向上攀爬，尽管可能会遇到落石，你无法阻止，不过可以打破。只有这样，当我们满头白发回首往事时，才不会因虚度光阴而感到懊悔，也不会因碌碌无为而感到羞愧。

**别自我设限，
你比想象中的更优秀**

　　有人做过这样一个有趣的实验：把一只跳蚤放进一个玻璃杯里，跳蚤轻而易举地就跳了出去。实验者第二次把这只跳蚤放进了玻璃杯里并盖上了盖子，跳蚤跳起来之后重重地撞在了盖子上。在一次又一次地撞到盖子之后，跳蚤开始调整自己的高度，过了一阵实验者发现跳蚤再也没有撞到盖子上了，只是在离盖子有一段距离的地方自由跳动。一天后，实验者悄悄把盖子拿掉了，可是跳蚤还是保持原来跳的高度。一周后，跳蚤还是没有跳出玻璃杯。

　　跳蚤是真的再也没有办法跳得更高了吗？其实不是，它只是在心里默认了自己无法跳出这个地方，给自己限定了那个高度，并认为没有办法超越。生活中也有很多这样的人，喜欢自我设限，事情还没有开始做就说自己完不成，没有那个能力。有时候并不是办不到，而是不敢去尝试。千万别自我设限，否则你永远不知道自己有多优秀。

　　以前听过一个残疾人的演讲，他虽然没有四肢，脸上却永远是自信的微笑。我记得最清楚的一段内容是他说曾经有一个小男孩盯着他打量了很久很久，终于说出了一句话："你总算还有一个头。"

　　他的名字叫尼克·胡哲，1982年生于澳大利亚，天生没有四肢，上学后因为总是被人嘲笑而选择自杀，在生命的最后一刻他的脑海中浮现出父母哭泣的样子，所以他选择活下来。还好他没有放弃自己，活下来才有机会看到，原来自己的人生是充满希望的。

　　他读书时被选为学生会副主席，而且取得了大学本科双学位的学历。虽然没有四肢，但是他能骑马，能冲浪，发短信的速度跟正常人没有区别，他没有手就用头和肩膀拥抱别人。

　　尼克告诉自己永远不要放弃。他把"没手，没脚，没烦恼"作为自己的座右铭。他可以用幽默轻松的语言讲述自己的经历，不在意别人惊讶的目光，他对自己充满自信。他19岁的时候打电话给学校推销自己的演讲，在第五十三次的时候终于没有再被拒绝，他得到了5分钟的演讲机会和50美元的薪水。就这样，他开始了自己的演讲生涯，而且做到了很多普通人无法做到的事：他成了一位知名励志演说家。

　　虽然尼克没有完整的身体，但是他拥有健全的灵魂。他是一个有信仰的人，不但自己活得乐观，还用自己的事迹激励了无数平凡的生命，让所有人都知道，每个人都有自己存在的价值。

当我们面前困难重重，觉得自己弱小无助，准备当逃兵时，不妨换个角度，或者解决这个困难需要更多的时间也不是不可能，别轻言放弃。当一件事情做好了，别急着奖励自己，反思一下这个结果是最好的吗？是不是可以有更完美的结局。

凡事别给自己设限，把挫折作为前进路上的垫脚石，逼自己成长。把失败当作新的起点，从失败中总结经验教训，转变自己的固化思维，敢于挑战不可能。在失败后更加努力，想出各种办法来增强自己的能力，将失败变为自己的财富。在失败中汲取营养，并且不断成长。

迈克尔·艾普特在 1964 年为英国 BBC 电视台拍摄过一个纪录片，一共花了四十九年，记录了来自英国不同阶层的十四个 7 岁小孩子的人生经历，他们有的来自孤儿院，有的来自上层社会。纪录片向大家展示了一个残酷的现实——阶级固化。来自上层社会的孩子都成了优秀的人，贫穷的孩子则成了工人。只有一个例外，一个来自贫穷家庭的小孩 14 岁接受采访时还十分羞涩，21 岁时他就读于牛津大学物理系，就已经非常自信了，最后他成为美国一所大学的教授。

为什么会有例外，原因并不是所谓的阶级固化，而是自我设限，这些孩子并不认为自己能改变，所以最后就真的按着原来的样子生活。

　　要对自己有信心，别自我设限，一旦开始自我设限，就会变得焦虑，其实这些都是潜意识，有时候就是越害怕什么越会遇到什么。心理暗示很重要，但是要多暗示自己正能量，不要因为闹钟还没响却被其他事情扰了美梦而烦恼，不如趁烦恼的时间看看书。新的一天开始了，我就是最棒的人！

08 做"斜杠青年"之前，
先要在一个领域足够专业

"斜杠青年"这个概念忽然火了起来，随之涌现出一大批年轻人想方设法地多学习技能，增加自己的"斜杠"，想让自己也变得"高大上"起来。

"斜杠青年"是指一个人有多重身份，在不同领域都十分优秀，比如苏轼，他是文学家、书法家、画家。就是类似于这种的标签，但是每一个标签就代表着一种能力，斜杠越多，看起来越优秀。

我身边就不乏这样的斜杠青年，他们不仅本职工作完成得很好，就连副业都有声有色，甚至有一个朋友是一个网络平台的大咖，副业收入比本职工作赚得还多。

小莉的本职工作是在一家银行担任大堂经理，因为喜欢读书，平时自己也爱写文章，就运营了一个网络账号，每天坚持在上面发表文章。开始并没有多少读者，阅读量也迟迟提不上去，但是从来没有听她说过不想写了之类的话，她依旧坚持每天写 2000 字。

终于皇天不负有心人，在她运营账号接近一年的时候忽然一篇文章的阅读量超过了 10 万，这篇文章被很多大的平台转发，她的粉丝也随之涨到了好几万。之后小莉没有膨胀，看见这么多的粉丝干劲就更足了，她还是每天认真地写文章，现在她的账号有将近 40 万的粉丝，在这上面赚到的广告费就早已超过了每个月发的工资。

而且小莉很会画画，她在账号上发表文章时偶尔会用自己手绘的图片，读者发现后劝她去好好学习一下，之后可以自己原创一些手绘图。她就利用闲暇的时间去学习，后面真的做得很成功，偶尔还会有人打电话来买她的手绘图版权。

这样的小莉简直是名副其实的斜杠青年了，是银行大堂经理、自媒体写手、手绘师，可以说是名誉与金钱双丰收了。

我也羡慕这样的斜杠青年，但是也深知，斜杠青年不是谁都可以做好的，可以羡慕，但请不要盲目追求。就像一场马拉松比赛，领头的那个人如果回过头来看看后面跟着几个人，就这一瞬间，冠军便产生了。只有你真正地把自己的行业做精了，并且有余力去做自己喜欢的事情，才能有机会成为一个斜杠青年。

斜杠青年的发展前景的确诱人，我也很羡慕，但是我们的精力有限，如果在有限的时间里去做很多不同的事情，只会因为力量的分散造成博而不精。有位哲人说过："伤其十指不如断其一指。"就是说我们应该选择一个细分的领域集中精力做到最好，而不是在多个领域同时用力。

就比如马云的技术合伙人多隆，他是淘宝的第一个程序员，很多重大项目他都参与其中，而且他现在还在写代码。他说过，自己的兴趣就是写代码，而他每天除了吃饭、睡觉、上厕所就是写代码。他为什么被内部员工当成神一般的存在，就是因为技术精湛，工作专注，除了认真工作从不考虑其他东西。

多隆就不是斜杠青年，身上没有那么多标签，他就是个程序员，但是令所有人佩服得五体投地。其实我们也不必太羡慕那些斜杠青年，有时候太急功近利反而得不偿失，在我看来，只有做好本职工作才是最实在的，业余时间可以发展自己的兴趣，然后慢慢开始专注这个兴趣，努力学习，不断探索，最终真正掌握它。

没必要太过执着于别人光鲜的外表，不要一心只想着做个斜杠青年。要精，不要多，要有一个明确的方向，不要盲目地浪费时间。更不要为了自己身上多几个标签就忽略眼前的工作，只有把眼前的事做好了，才能做好别的事情。

第三章

一路颠沛流离，
要让自己配得上吃过的苦

总有一天，你会明白，委屈要自己消化，
故事不用逢人就讲，真正理解你的没有几个，
大多数人只会站在他们自己的立场，
偷看你的笑话，就像听别人的故事一样。
总有一天，你受的苦、吃的亏、忍的痛，
到最后都会变成光，照亮你前行的路。

01 活着就得历劫，
死磕到底才是唯一的出路

　　放弃说起来容易，做起来更容易，这只是一个念头；而永不放弃，死磕到底，说起来容易，做起来很难，这是一种信念。普通人一遇到困难往往会选择前者，因此才被称为普通人；而选择后者的，永远是既能得到鲜花又能得到掌声的人。

　　为什么爱迪生和居里夫人到现在还被人们铭记，就是因为他们有永不放弃的精神。爱迪生发明电灯历时十三个月，试了六千多种材料，试验了七千多次才成功；居里夫人更是经过了三年的艰苦工作才提炼出了 0.1 克镭。

　　歌曲《相信自己》中这样唱道："你会懂，我说的以后，种下了梦想就要去完成。相信自己，这美梦会完成，永不放弃，这旅途多美丽。"

　　我每次听到这首歌就会想起余纯顺，那个徒步走遍全中国的探险家。他走过的全部行程长达 4 万多千米，完成了人类首次孤身徒步穿越川藏、青藏、新藏、滇藏、中尼公路，足迹遍布二十三个省市自治区，探访过三十三个少数民族，发表过的游记共 40 余万字。

他在挑战过无数生命极限之后决定徒步穿越那个生命禁区——无人征服的罗布泊，完成他一生的梦想。在几乎没有机会挑战成功的残酷现实面前，他从没有过放弃的念头，临行前他对随行的记者说："我也许真的会失败，但我不能放弃这个梦想。"

虽然余纯顺在中途不幸遇难了，但是他那种永不放弃、为了梦想死磕到底的精神永远活着，而且会一直激励后人。我们在遇到困难时都应该学习这种精神，别轻言放弃，不死磕到底你永远不知道自己的爆发力有多强。

以前开会的时候领导给我们放过一个叫《永不放弃》的视频短片，主要讲述了一支橄榄球队的队长对团队失去了信心，同时也认为自己没有能力带领好团队，所以教练让他们做一项名为"死亡爬行"的极限运动，要求一名队员膝盖不能着地，另一名队员压在他身上沿着球场爬行。

所有人都认为这项任务无法完成，在不到 30 码的地方就全军覆没了。教练见状叫队长布洛克背着一名队员单独完成，这次教练把他的眼睛蒙住了。教练问布洛克可以爬多远，布洛克说 30 码，教练说那就爬 50 码吧。在爬行的过程中布洛克并不知道自己爬了多远，每次想休息一下的时候，教练一直叫他不要放弃，要尽全力完成定下的目标，并告诉他离目标越来越近了。当布洛克爬完最后一步，精疲力竭的时候，教练告诉他，他已经爬了 110 码。爬行过程中教练共喊了十三次"对了"、十五次"加油"、二十三次"别放弃"、三十三次"不要停"、四十八次"继续"。

因为教练的激励、布洛克的坚持，一个不可能完成的任务变成了一个奇迹。一个人不能成功是因为没有目标，没有梦想，没有自信，不知道自己的潜力有多大。我们每个人的潜力都是无穷的，所以，要不停地去挖掘，不断挑战极限，发挥自己最大的潜力。

英国首相丘吉尔在一所大学结业典礼上做过一场 20 分钟的演讲，这期间他说了两句相同的话："坚持到底，永不放弃！坚持到底，永不放弃！"他用自己一生的经验告诉人们："成功根本没有什么秘诀可言，如果真有的话，就是两个：第一个是坚持到底，永不放弃；第二个是当你想放弃的时候，回过头来看看第一个秘诀——坚持到底，永不放弃。"

我在一本书上读到过这样一个故事，一个家境贫寒的年轻人为了养家糊口，就到一家大的电器公司求职。他因为身材矮小，衣服又脏又破，被公司的人事主管回绝了："我们现在暂时不缺人，你一个月以后再来看看吧。"本来是主管的推托之词，没想到一个月后年轻人真的来了。主管又说自己有事，让他过几天再来。隔了几天年轻人又来了，就这样反复了很多次之后主管对他说："你这么脏没办法进我们公司。"于是他就换了一身整齐的衣服又来，主管实在没办法了就告诉他："关于电器方面的知识你知道得太少了，我们不能要你。"两个月后，年轻人再次来求职，他对主管说："我已经学会了不少有关电器方面的知识，您看我哪方面还有差距，我一项项弥补。"这位主管因为年轻人的耐心惊呆了，过了半天才说："我干这一行几十年了，还从未遇到像你这样来找工作的，我真佩服你的耐心和韧性。"他靠毅力打动了这位人事主管的心，并如愿以偿地进入这家公司工作了。

　　这位求职的年轻人就是日本有名的松下电器的创始人松下幸之助。他的故事告诉我们受挫折并不可怕，说不定是一次机会，它可以使我们发现自身的缺点，并且不断改正。松下幸之助用一句话概括自己的经营哲学："首先要细心倾听他人的意见。"我们也可以把生活中遇到的挫折当作一次自我完善的机会，找到缺点，改正缺点，然后继续坚持梦想。

　　其实世上还有一种财富是坚持，它看不见，摸不着。但它似寒冬腊月时盛开的梅花，如雨过天晴后绚烂的彩虹，又像人生的指南针，指引你走向成功的彼岸。人生的道路永远充满坎坷，人活着本身就是在历劫，只有死磕到底才是唯一的出路。

02 挺过去，
艰难的日子就会成为过往

有句俗语说得好："人生没有过不去的坎，只有转不过的弯，人最大的敌人还是自己。"生活不会每天都充满欢声笑语，总有伤心难过的时候，就像天气一样，不会每天阳光明媚、万里无云。只要咬紧牙关挺过去，那些艰难的日子就会成为过往。

当遇到挫折的时候，不要焦躁，就当这是生活对你的考验，相信自己可以处理好一切，别跟自己较劲，坚信人生没有什么过不去的坎，也没有永远的痛苦。每一天都是新的，没必要为了昨天的消逝而伤感，也没必要为了明天的到来而烦恼，享受当下就好。

其实每个人都有自己的烦恼：农民工烦恼自己每天活得那么辛苦，盖起了一座又一座高楼大厦，城市里却没有自己的落脚之处；演员烦恼自己每天在摄像机前那么拼命，拍出了一部又一部优秀的作品，却还是有很多人看不到；老师烦恼自己每天兢兢业业地帮别人管教孩子，自己的孩子都没人管，还有家长闹事说自己不关心孩子。

人生苦短，如果每个人都活在自己的烦恼当中，那生活何来乐趣一说。看透生活的人，处处都是生机勃勃；看不透生活的人，走到哪里都是困难重重；拿得起放得下的人，永远坦荡荡；拿得起放不下的人，只能为生活所累，一辈子负重前行。

有兄弟二人一起进城找工作，开始一切都很顺利，大哥在一家公司干销售，二弟在一家公司做保安。可是没过多久，大哥因为业绩不好总是被老板批评，二弟因为来自农村长得又黑又壮而被同事嘲笑是土包子。

兄弟二人每天都很消沉，过了一段时间决定去寺庙拜见住持寻求解决烦恼的方法。两个人分别说了自己的烦恼之后，住持闭着眼睛回答他们："不过就是一口饭。"然后就挥手让二人退下。

兄弟二人回去之后，二弟辞掉了工作回家种地去了，大哥继续回去上班。十年之后，二弟成为一个小有名气的老板。大哥留在公司忍着上司的压迫，努力向业绩好的同事学习，渐渐崭露头角，当上了部门经理。

过年时大哥回家，兄弟二人坐在一起讨论了当年住持给的建议。二弟说："不就是一口饭吗，何必在那受气，日子没什么难的，我在哪儿还吃不上一口饭啊！"大哥说："我认为反正都是为了混一口饭吃，多受点气，多受点累，也就熬出来了。"

同一句话，兄弟二人的理解完全不同，但是他们都获得了成功，就是因为他们看清了现实，不管多大的困难也不过是一口饭，一念之差，成就不同的人生。

白岩松说过一句话："一个人的一生中总会遇到这样的时候，一个人的战争。这种时候，你的内心已经兵荒马乱，天翻地覆了，可是在别人看来，你只是比平时沉默了一点，没人会觉得奇怪。这种战争，注定单枪匹马。"

其实，我们这一辈子注定要蹚过几条河跨过几座山，总是会遇到坎坷与挫折，而且没发生在自己身上就没有人能够真正感同身受，那些你曾经以为最难挨的时刻不是也都过去了吗？经历一次更大的挫折你就会发现以前咬牙挺过来的日子也不过如此。换句话说，这一生拥有的一切、失去的一切都不算什么，到头来还是一场空，即便有一天一无所有，这又何尝不是一种锻炼呢？

堂堂西楚霸王项羽，因为无法忍受战争的失败而自刎乌江，放弃了东山再起的机会，因为他无法跨越失败这道坎，所以成了千古遗憾。而史蒂芬·霍金，面对身体上的缺陷，依然选择笑着面对，他把一切挫折都当作一种历练，这才有了永远被人铭记的物理天才。

就像《迷雾》中高慧兰所说："当人没有什么可失去的时候，便会无所畏惧，无所不能。"人生没有过不去的坎，遇山开路，遇水搭桥，累了就睡觉，天亮就出发，所有你经历过的磨难，都将成就更强大的自己。

没有过不去的事情，只有过不去的情绪，很多事情放不下是因为自己不想放下，被欺骗了放不下，被讽刺了放不下，被批评了放不下。大部分人并非在乎事情本身，而是过于沉溺一件事带来的不痛快的情绪，有时候换一个角度，换一种心情，世界都会有所不同。

生活的奇妙之处就在于，你永远看不透它的奥秘。有时候正是因为看不透所以才快乐，品味失意的味道，体会生活的艰难，这样的人生才会更加多姿多彩。难过了就听听音乐，委屈了就看看天空，人生没有什么过不去的坎，坦然前行就好了，愿你未来遇到的桥都坚固，隧道都充满光明！

03 你受过的委屈终会变成光，照亮你前行的路

　　生活在大多数的情况下都是守恒的，如果你有什么东西是不劳而获的，总会在某个时刻用其他的形式还回去；你的努力，你的付出，你的痛苦，你的委屈，它全都看在眼里，它也总会在某个时刻用另一种形式奖赏你所承受的一切。

　　有一段话我一直记在心里："总有一天，你会明白，委屈要自己消化，故事不用逢人就讲，真正理解你的没有几个，大多数人只会站在他们自己的立场，偷看你的笑话，就像听别人的故事一样。总有一天，你受的苦、吃的亏、忍的痛，到最后都会变成光，照亮你前行的路。"

　　这段话我觉得很有道理，生活中不是所有人、所有事都充满善意，前行的道路上会有很多委屈、痛苦、刁难，这是成长必须付出的代价。除非你随波逐流，失去自我，停止进步，变成一个"老油条"，但这不是我们想要的。所以我们只能保持

热情，积极面对生活，勇敢地向前走，相信生活不会亏待任何一个积极努力的人。

仔细想来，谁没有受过一点委屈呢？有时候委屈也是一种磨砺，是对自己即将到来的复杂的未来的一种提示，它只是在督促我们要变得更加成熟。也许我们想要的生活在别人眼里根本不值一提，也许我们已经拼尽了全力却还是不能令所有人满意，但是我们一定要相信，所有的努力都会有回报，所有打不倒我们的只会帮助我们变得更强大。

《新喜剧之王》中的女主人公如梦为了成为一名好演员的梦想受尽了委屈，在剧组摸爬滚打了十年还只是个跑龙套的演员，因为跟导演说出自己的想法而被其他人欺凌嘲笑，盒饭被碰掉了想再领一盒却差点挨打。她回到家还要被亲戚逼问自己的工作，因为一直坚持梦想与父亲的关系也很紧张，好不容易有个能支持她梦想的男朋友，到头来却发现男朋友是个骗子。有人说她太丑不如去整整容，可是医生把她拿去的照片看反了，按照大猩猩的照片把她整成了巫婆的样子，碰巧她去面试白雪公主的角色，被剧组拖去当女巫的替身挨了一顿毒打。因为得罪了过气演员马克，扮演雕塑的她被按在坭坑里羞辱……这些如果换作是我肯定早就坚持不下去了，但是如梦一直微笑面对这些困难，天大的委屈也自己消化，抓住任何一个希望渺茫的机会。最后她的确成功了，成了一个好演员。

所以有句话这样说："强大的人不是能征服什么，而是能承受什么。"把那些痛苦、委屈和卑微全部化成一股战胜生活的勇气，早晚你会有翻盘的机会。

时间对每个人来说都是公平的，不会给其他人多一点，给你少一点，而我们如果想战胜时间，坚持就是唯一的法宝。不要纠结于昨天失去的东西，而要珍惜今天拥有的一切，要拿出实际行动，否则今天就会是第二个昨天。

泰戈尔曾经说过："光明就在我们的面前，只要你能挨住痛苦，走过重重黑暗，你的负担将变成礼物，你受的苦将照亮你的路。"与生活交手的这些年，我们也在慢慢长大，想得到的东西也在一点点地得到。或许你此刻正因为受了委屈而闷闷不乐，又或许你失去了前行的方向。但千万别心急，你现在能做的就是踏踏实实做好眼前的每一件事，别抱怨也别将就，做好你自己。而且要相信，你受过的委屈终会变成光，照亮你前行的路。

04 受伤后的自愈力，才是真正的力量

彼得·莱文说过这样一句话："因为每种伤害都存在于生命内部，而生命是不断自我更新的，所以每种伤害里都包含着治疗和更新的种子。"我们在生活中总会遇到一些令心灵受到创伤的事情，但是我们的生命是不断自我更新的，我们要在这不断的更新中学会治愈自己，不是依靠外界的补给，而是依靠自身的自愈力。

我的一个大学同学，大一第一次新生见面会的时候她就坐在我的身边。往后四年，她一直坐在我的身边。她叫琪琪，是个长相甜美的标准的南方姑娘。第一次点名的时候，她特别小声地在我旁边介绍了自己，最后加了一句，你待会儿可以替我答"到"吗？我觉得有点莫名其妙，但还是答应了她。接下来一个月我们都在军训，我本以为事情就这样结束了，没想到军训结束第一节课的时候她又坐在了我身边，还是那么小声地问

我，待会儿老师点名你可以替我答"到"吗？我是北方人，可能是骨子里就散发着豪爽的气息，所以她才找上了我，我还是一头雾水地答应了她，也没问为什么。

后面她每节课都挨着我坐，我逃课她也跟着逃课，就这样一来二去地我们成了朋友。一次室友都回家了我叫她来寝室找我玩，我们本来打算出去逛街，但是天太热了就改为在寝室看电影，电影的名字我忘记了，内容大概讲的是校园暴力。她特别安静，电影要结束的时候忽然对我说："你相信吗，这些场景我特别熟悉，这些事情都在我身上发生过。"我一时说不上话来，因为我知道她没有在开玩笑，看她平时的样子就知道，从来不敢跟陌生人说话，上课老师问的问题永远是一个字都答不上来。她不是不会，而是不敢。

她说自己没爸没妈，是一个好心的老婆婆在垃圾桶旁边捡到了她，不然她早就死了。她从记事开始就一直受欺负，村里的小孩叫她"野孩子"，每天用烂水果砸她，她说老婆婆年纪太大了没有办法保护她，她也不敢跟老婆婆说，怕老婆婆伤心。到了上学的年纪，老婆婆想让她读书，就每天捡垃圾赚钱，她从来没有穿过新衣服，没有背过新书包，上学也被人欺负，被同学叫作"土包子"。他们给她写各种小纸条羞辱她，在黑板上画她的样子嘲笑她。她每天都不敢说话，不想被人看见，有一段时间她不再讲话，她说后来发现自己真的不会讲话了，再怎么拼命说话也发不出声音。老婆婆太伤心了，要带她去看医生，但是她知道老婆婆没钱，一着急才发出声音。但还是有了心理阴影，这就是她让我替她答"到"的原因。

毕业之后她找了一份上班时不用说话的工作，但是下班后同事觉得她是神经病。我们一直有联系，她说同事都用异样的眼光看她，她每天活得很辛苦，就来来去去一直换工作。后来养她的老婆婆年纪太大去世了，她自己一个人就更辛苦了，她才开始想改变，练习跟别人说话，在网上报了很多英语口语兴趣班，不是为了学习英语，而是为了一对一跟老师交流，花了三年时间治愈了自己说不出话的问题，她现在是一个机构的英语讲师，整个机构最优秀的老师。

我以为在电影中才有的情节就真真切切地发生在我的身边，这么多年过去了我现在讲出来还是很震惊，有股头皮发麻的感觉。庆幸的是她还是想改变自己，想努力生活。心灵受到创伤不可怕，可怕的是一辈子逃避，不敢面对。心灵是一片净土，要细心打理，一个人心灵的美好不在于外界给予了多高的评价，而在于自身，自身的自愈力才是最强大的力量。

琪琪的偶像是亚洲首席超级演说家、超越极限集团创始人梁凯恩，在这无限风光的背后，谁能想到他以前是一个抑郁症患者。他高中读了九年，生性偏执，自我怀疑，不知道自己为什么活着，尝试过割腕、跳楼。被确诊为抑郁症之后他更是把自己锁在了房间里，拒绝与外界有任何沟通。经过了长时间的自我封闭，他开始对自己的痛苦感到厌烦，从内心抵触这种感觉，并决定摆脱这种生活，所以才有了现在的成就。

其实消极的情绪完全源自于自己的内心，只要摆脱内心的消极，一切皆有可能。当你觉得压抑或痛苦的时候，换个角度思考，你首先要知道这个世界上除了你自己，没有任何人能救你，所以一定要摆正心态。受伤后的自愈力，才是你拥有的最真实的力量。

05 那些打不倒你的，
终将成就强大的你

尼采说："但凡不能杀死你的，最终都会使你更强大。"挫折不等于失败，它具有两面性，但是结果完全因人而异。困难对于强者来说是一笔财富，对于弱者来说却是无底深渊。挫折可以打造出更强大的人，也能丢下弱小无能的人。

相声演员郭德纲创办德云社时也是经历了很多苦难。可能他复兴相声表演的梦想在别人眼里只是个笑话，但是无论说相声有多辛苦，他都坚持说下去。不过现实总是很骨感，德云社始终入不敷出，为了支持他完成梦想，妻子将车子都卖了。然而这些根本不够支撑多久，他为了收入能多一点，去安徽卫视录制一档节目，由开始答应的每期4000元，降到3000元，再降到2000元，后来每期只给他1000元。

他后来接受采访的时候说自己有一天演出完毕，公交车收班了，遇到一个拉活的黑车司机，问他去哪，他说去大兴。黑车司机说那走吧，他说自己没钱，就只有两块多，但是可以把手表给司机。司机一听直接就走了。他没办法只能往家走，看见一个卖包子的就把两块多钱全都买了包子，为了能有力气走回去，车子在他身边一辆一辆地飞驰而过。他说自己抬头看了看天，还真是应了一句话："几点繁星，一弯残月。"看着这幅景象，他的眼泪哗哗地流了下来。他一直走到凌晨4点才到家，脚上磨得全是水泡。

我们来到这个世界上不是来被打败的，我们可以被消灭，但永远都不会被打败，决不能向困难屈服。像郭德纲这样的人，无论他最后的结果怎样，都是值得我们尊重的。生活就是要我们无止境地探索，不管一路上遇到什么，我们都要有信心，相信自己可以战胜一切。把遇到的障碍都当作一种磨炼，顽强地去拼搏、去挑战极限，最终你会发现没有什么东西可以将你击垮，你就是最强大的人。

你或许没有听说过张文中，但是一定知道物美，2006年的时候，物美是全国最大的民营流通企业之一，引领中国零售产业的发展和创新。但是偏偏在最风光的时候他蒙冤入狱，很多人问他那几年是怎么过来的，他回答说："最悲惨、最无助、最绝望的时候，读书，用心用脑去读书是人走出苦海、脱离困境、活下去的最重要途径。"

即便身体不自由，大脑仍是自由的，他在监狱搞科研，取得了四项专利，一项省部级科技进步特等奖，两项一等奖。他还在监狱里鼓励年轻人自学，参加成人高考，很多年轻人都在监狱里参加并通过了考试。他说过这样一句话："人生是一场奋斗，无论是顺境，还是逆境。"

很多人都害怕逆境，看到前方的沟壑就不敢迈开脚步，以为是万丈深渊，他们认为顺境才能更好地激励人成长。但是真正强大的人，都是在涅槃后重获新生。既然选择了进步，就应该有勇气去面对道路上的风风雨雨，有勇气去承受那些苦难挫折，等你跨过沟壑，翻过千山，脚下一定是成功之巅。你经历了无数艰难险阻，心态才会变得平和，心智才会愈加成熟，所以才会有更好的状态。愿我们有一天都可以不惧风雨，也不畏将来。

我们在工作和生活中，总会遇到一些挫折，有的人抱怨过后开始自暴自弃，止步不前，看似是被困难打败，但事实上是他们自己放弃了；而有的人则选择与挫折对抗到底，也许过程会很难熬，可是挫折就像一道伤口，早晚会有结痂痊愈的一天。

也许你在工作中遭到过暗算，在爱情中遭遇过背叛，在生活中遭受过中伤，可是谁不是一边受伤一边成长的呢？有时候事业上的不顺心、感情中的不如意、生活中的不稳定都只是一场考验，每个人的生活都是半喜半忧的，它在给你带来和风细雨的同时，也会带来狂风暴雨。如果我们只是接受它美好的一面，而逃避坏的一面，是永远学不会独立的。

　　也许等你战胜了你认为最不可能的事情，回过头再看，就会觉得一切并没有想象中的那么困难，而且根本不足以击倒你。最后你会发现，正是曾经的那些苦难才成就了今天如此强大的你。

06 爱情中，
   谁不是一边受伤一边成长？

你有没有失恋过？失恋之后有没有觉得自己再也不会相信爱情，再也不会爱别人，也不会被爱了，以为自己一辈子都走不出失恋的悲伤。当日子一天天地继续，一个月过去了，两个月过去了，一年或者两年过去了，你还会一听见曾经爱过的人的名字就歇斯底里吗？没有什么过不去的悲伤，那只不过是你的执念。

别再问别人该如何走出失恋的阴影，走出一段失败的恋情只能靠自己，爱或者不爱只能由你自己来做了断。有时候你不是忘不了，只是伤口太新，需要时间愈合。一旦时间到了，你就会发现那些曾经忘不掉的人再也想不起来了，放手真的只是在你的一念之间。

我有一个朋友叫阿朱，虽然没有好看的皮囊，却有着有趣的灵魂。一次我们出去聚会，他认识了一个女孩子，这个女孩子长得很漂亮，对阿朱也有好感，但是我们都劝他："要三思，这个女孩大概只是图一时新鲜，觉得你幽默，你小心跟人家在一起，到最后她玩够了把你给甩了。"他不信邪，非说这个女孩是他的真命天女，对人家掏心掏肺地好，甚至连工资卡都交给女孩保管。

果然，才两个月，女孩对他说自己要出国了，不想耽误阿朱，让他遇到好的人就在一起吧。阿朱伤心欲绝，每天把自己灌醉，这样持续了两个星期之久。那天我刚好出去逛街，看见那个女孩牵着另外一个男孩的手，笑靥如花。她根本没有出国，也不是怕耽误阿朱，只是新鲜劲过了。我气不过直接拍照发给了阿朱，可是直到第二天都没见他回我消息，我怕他想不开，赶紧跑去他家里看他。进门之后我都惊呆了，地上的酒瓶子全部清空了，房间也恢复了以往的整洁，他正打算出门去理发、刮胡子，还要去健身房减减最近喝起来的啤酒肚。他说："只有自己更好了，才值得遇见更好的人吧。"我全程一句话没说，忽然觉得这个傻傻的男孩一夜之间成长了。

其实单身的时候就是自己最好的增值期，全部的时间和精力都可以用在自己身上。感情嘛，不如就顺其自然，愿赌服输，放过别人也放过自己。慢慢让自己变好的过程你会发现，曾经那个令你茶饭不思的人已经不那么重要了。

当一个人选择离开你的时候，这个人的一切就都与你无关了，你可以选择承受他留下的痛苦，也可以选择自己爱自己，把自己变得更优秀，然后遇见更好的人。所以即便再喜欢也不要回头，熬过失恋带给你的悲伤，你就会发现，你其实已经在成长了。

有一首歌专门写给失恋的人："分手应该体面，谁都不要说抱歉。"失恋其实没什么大不了的，只是有些人无限放大自己的悲伤，不愿意接受事实。失恋是生活给每个人分发的礼物，能够让你反思一下这段恋情存在什么问题，是你的责任多一些，还是对方的责任多一些。如果是对方的责任多一些，就可以提醒你在下一场恋情中一定要擦亮眼睛，别草率，不是所有人都适合你；如果是自己的责任多一些，那就要尝试改变，改掉你的坏习惯、臭脾气，尽量提升自己的个人魅力。

爱情就是这样，谁不是一边在受伤一边在成长。失恋也是一次机会，能让你快速成长，说不定很多年后你会感谢当年那场失败的爱情，因为它成了你通往幸福的起点。

07 对伤害过自己的人，
最好的报复就是活得更精彩

　　俗话说："此仇不报非君子。"所以世人秉持这一理念，将仇恨进行到底。今天他占了我一分的便宜，明天我就要报复他两分；走路时不小心被撞到了就破口大骂；这个人伤害过我一次，我不报复他就心里难受。如果你也是这种想法那你就真的活得挺累的，生活中总有与人发生口角的时候，哪来那么多的和和睦睦。不知道你有没有听过这样一句话："对敌人最大的报复就是比他活得更好。"

　　刘德华唱过一首《活得精彩》："无常中得到自信的成就，没有什么胜过你的一双手，一万个借口可以不去承受，蓦然回首已在灯火阑珊后。"没有什么可以胜过自己的双手，那些伤害过你的被你称作敌人的人都可以激发你的潜能，这世间最好的报复，就是利用好你的这股愤愤不平之气，促使自己迈向更精彩的生活，甚至让你的敌人没有资格成为你的对手。

前几天去重庆玩，路过一个新开发的楼盘，朋友菲菲指着那个正在预售的楼房对我说："你记得这是我以前租房子的地方吗，我已经把我租过的那间屋子预订了。"我不由得开始佩服她。

几年前，菲菲还是个拖着行李箱每隔几个月就要搬一次家的人。那时候她刚来重庆打拼，工作刚刚起步，节衣缩食，租的房子都是最便宜的。一个八十几平方米的房间被隔成很多个小房间分别租出去，什么样的室友都遇到过，半夜打牌喝酒的、不睡觉聊天追剧的，那么吵根本没法睡觉。夏天的时候才最惨，天气热，有的人不爱干净，房间里什么味道都有。

有一次她因为付不起房租让房东宽限她一个月，可是偏偏房东不近人情，将她赶了出来。那是个冬天，还下着雨，她就一个人拖着大包小包的行李在一家二十四小时营业的便利店里要了一杯咖啡撑了一夜。现在她租房子的地方开发了，因为她在这里度过了最凄惨的一天，所以她才要把那个房子买下来，用来提醒自己别偷懒。

菲菲说当时她觉得生活是暗淡无光的，一想到自己可能要一辈子过这种无家可归的生活，就不想在这里打拼了，不如回老家算了，但是她想起房东赶她出来的样子就觉得自己要坚强，不能因为这么一点挫折就放弃自己。她咬牙撑过了那段最艰难的日子，用自己的双手实现了自己的梦想，她现在自己经营一家旅行社，也算是一个小老板了。我问她恨不恨那个房东，她说不仅不恨反而挺感谢他，谢谢他的狠心才让她看清这个社会是多么现实。

报复并不能抵消伤害，仇恨更是会蒙蔽你的双眼，唯有宽容才能让心灵重回宁静。在宁静中反思自己，让自己不断成长，让自己活得更加精彩，这就是对曾经伤害过自己的人最好的报复。这些伤害可以不被遗忘，但不要在心里埋下仇恨的种子；这些伤害也可以不被原谅，但不要在心里埋下作恶的种子。只有宽容才是最大的救赎，因为宽容从来都不是为了原谅敌人，而是放过自己。

《了凡四训》中有这样一句话："从前种种，譬如昨日死。今后种种，譬如今日生。"这句话的意思就是往事再多，到今天为止就全部跟自己无关了，以后不管发生什么，从今天开始就当重新来过。

所以，无论你面对怎样的挫折，即使你认为到了山穷水尽的地步，都要想想是否还有柳暗花明的那一刻。别跟过去的人和事较劲，无论他们怎样伤害过你，因为有阴影的地方就会有阳光。别记恨任何人，做自己最想做的事，成为自己最想成为的人，只要你活得精彩，什么都是浮云。

第四章

不迎合，不媚俗，
做自己才能光芒万丈

真正优秀的人，大多数都不合群。
他们活在普通人之中，
却享受着普通人享受不到的独处的快乐，
孤独却能冷静思考，虽然难以被理解。
或许正是这种不合群的性格，
才使他们变得更加优秀。

01 为什么越优秀的人，反而越不合群？

上个月妹妹给我发微信："我总觉得自己有点不合群，我想考研，但是我这群室友整天逃课打游戏还总是挂科，她们除了吃喝玩乐还是吃喝玩乐。我每次早起去图书馆看书她们就嘲笑我，说我是个书呆子。感觉我离室友越来越远了，有时候在一起也没有共同话题，该怎么办啊？"

如果你刚好读到这本书，也刚好有类似的困扰，那我想告诉你，这其实跟玩俄罗斯方块是一个道理："如果你合群，那就注定要消失。"

就好像五颜六色的方块落下来，被摆放得特别整齐，方块之间没有任何空隙，这时刚好落下一块将一整行唯一的缺口补充完整，下面所有的方块就都消失了。

其实生活就是一场消除游戏，每个人都代表不同颜色的方块，我们都在想着怎么去合群，怎么快速融入集体，与其他人找到共同话题。于是就开始改变自己，融入人群，感受大家在一起的欢乐。可是这个时候却发现所有人都变成了相同的颜色，你连自己最初的颜色都忘记了，在人群中迷失了自我。

大家都在看《青春斗》，你在看《百年孤独》，是不合群吗？大家都在读《如何快速走向人生巅峰》，你在读考研资料，是不合群吗？大家都在追热门综艺，你在看《中国诗词大会》，是不合群吗？好像是不合群，但是又有什么关系呢？

从古到今，但凡优秀的人都有点不合群。当一个人变得特别优秀，就会发现能理解自己的人很少，跟谁在一起都感觉很别扭，因为找不到共同话题。

外交部部长王毅在做知青的时候就很另类，别人打牌他背英语单词，别人睡懒觉他早起读英语，一闲下来就阅读大量文史书籍。当时很多人都看他不顺眼，觉得他不合群，还有领导找他谈过话。但是恢复高考之后，他直接考上了北京第二外国语大学，因为英语水平很高且文笔很好被看重，随后进入外交部工作。

真正优秀的人，是不需要为了迎合别人而改变自己的，越优秀越需要独处，这样才能有更多的时间来思考。

两年前看过一档综艺《读书人》，有一期嘉宾是国学大师李敖，他是出了名的实话实说主义者，他在节目里说："我是单干户，不与朋友来往，但是我自己很用功，每天工作十六个小时。"不得不佩服他的独特之处，但是又觉得他会不会活得很寂寞，可转念一想，也许正是因为这份不合群的孤独，他才活成了一个人就是一支队伍的气势。他不用迎合任何人，不必被任何一个圈子绑架，他是一个高度自由的人，可以独处，就可以有更多的时间钻研自己的作品。

你可能会说自己只是一个普通人，没办法忍受李敖大师那种只与文化来往的寂寞。但是，你有没有想过，有时候适当地孤独，不强行合群的行为，也许正是你变优秀的一个机会。

古斯塔夫·勒庞在《乌合之众》中写道："人一到群体中，智商就严重降低，为了获得认同，个体愿意抛弃是非，用智商去换取那份让人备感安全的归属感。"

正是这样，有时候为了那份所谓的归属感，我们变得不是自己，拼命去合群，甚至不惜牺牲自己的进取心，不知道为了合群耽误了多少大事。知道自己适合什么样的群体才是最重要的。

我很欣赏《生活大爆炸》里的谢尔顿，欣赏他的朋友观，他从来不会为了赢得友情去做那些我们口中所谓合群的事情，但是他又不是个格格不入的人，对于他自己认定的朋友，就算是满脸嫌弃都不会离开。难道生活中所有谢尔顿这样的人都不合群吗？不是的，或许你认为不合群的那个人并非真正的不合群，只是其他人没有资格进入他的生活罢了。

　　我们从小就经常听人说："要和其他人搞好关系，别自己独来独往的，要合群。"可是如果有一天，你忽然发现自己所在的群体并不适合自己，你是否有勇气离开？有时候很多人根本不知道自己喜欢什么，总觉得别人都这样做我也跟着做肯定不会有错。往往我们不是害怕挑战自己，而是害怕周围人异样的眼光，如果自己忽然做出改变，可能有人会说自己不合群，所以我们就拒绝改变，浑浑噩噩地过日子。

　　真正优秀的人，大多数都不合群。他们活在普通人之中，却享受着普通人享受不到的独处的快乐，孤独却能冷静思考，虽然难以被理解。或许正是这种不合群的性格，才使他们变得更加优秀。

02 你不必和别人
活成同一种形状

　　生活本来就不是一件简单的事情，能活成自己想要的样子更不容易。做事不成熟会有人说你幼稚，做事成熟又有人说你圆滑，总之不管怎样都达不到别人眼中理想的样子，无论付出多少努力在别人眼里你都不是最完美的，所以大可不必每天为了别人的看法让自己精疲力竭。其实，你不必强迫自己和别人活成同一种形状。

　　之前网上流行过一句话："圈子不同，不要强融。"仔细想想，还是挺有道理的。如果你们生活的圈子是两个完全不同的世界，你又何必非要跟他们做朋友呢？即使成了朋友，你又能保证哪一个是真心的呢？你太在意别人的看法，害怕被孤立，又想努力得到别人的认可，于是你总是勉强自己做不喜欢的事情，这又何必呢？

　　前几天公司把我派出去跟进一个项目，我负责的事情挺简单，每天总结一下当天的工作内容汇报给公司。由于就派了我一个人出来，这个公司的人我一个都不认识，每天觉得挺无聊的，所以我想融入他们的圈子，偶尔帮他们布置一下会议室什么的，几天下来的确很有效果。

但是后来发生的事情让我明白了"圈子不同，不要强融"这句话的真正含义。那天早上我帮他们布置会议室，都是些摆摆矿泉水之类简单的事情，从来没有摆过姓名牌，因为我怕出错引起不必要的麻烦。可是偏偏那天有人把姓名牌摆错了位置，两个死对头的牌子被摆在了一起，会议结束后他们老板就很生气地问是谁干的，没有人承认也就算了，我旁边一个人还故意压低声音跟我说："谢谢你帮我们布置会议室，但是以后还是别这样了，你看出了这么大的差错。"我当时的内心无法用语言形容，瞬间明白自己是个小丑，自以为进入了他们的圈子，但是很多事情你以为的就仅仅是你以为的，别人根本不在乎。最后因为这件事情我被公司调回去了，另外派了别人过来，我的奖金什么的全部泡汤了。

其实，我根本没必要做那些跟我工作无关的事情，为了融入别人的圈子，我做了原本不属于自己的工作，并且我本来就不喜欢这种行为，不过是在自欺欺人罢了。

忽然想起了高中时的班长，他永远一副文质彬彬的样子，身上有一种非常坚定的态度，不是盛气凌人，而是坚定做自己，令人肃然起敬，所以他才被选为班长。他也不是没有朋友，但还是喜欢一个人独处，从没见他削尖脑袋强行融入别人的圈子。他可以一个人在草坪上看书，可以一个人吃饭，活出了自己的态度。

庄子说过："子非鱼，焉知鱼之乐。"每个人的生活方式不同、生活处境不同、生活态度不同，生活乐趣也不同，所以不必互相打扰，也不必费力讨好，与其努力活成别人眼中的自己，不如多花费一点时间活出自己眼中的自己。

奥黛丽·赫本在电影《修女传》中饰演一位医生的女儿嘉比亚，她为了自己的信仰放弃了订婚，去做了修女，离开家时她对父亲说："我一定会让你骄傲。"父亲回答她："亲爱的，我不要你让我骄傲，我只要你快乐。"成为修女后她才发现这不是她向往的生活，在经过了内心的几番挣扎之后，她决定还俗，去寻找更适合自己的生活。

电影的最后，嘉比亚摘掉了修女的戒指，脱掉了修女的长袍，换回了自己的衣服。看着她离开的背影，我觉得这才是人生。

比起让别人开心，自己开心才更重要；比起让别人爱上自己，自己爱上自己才更难。与其终日思考如何与他人相处融洽，不如享受当下，去追逐自己内心最渴望的生活。我们要成为更好的人，但前提不应该是牺牲所有自己喜欢的事物。

有的人喜欢结伴同行，有的人孤独成瘾，这没什么好坏之分，只要自己自在就好；有的人野心勃勃，有的人向往岁月静好，这也没什么大碍，自己开心就好；有的人热衷于大城市的嘈杂，有的人喜欢小地方的安静，这也不存在什么志向的大与小，活得精彩在哪里都一样。寻找最适合自己的生活，慢慢靠近它，学会保护它，毕竟，我们不必所有人都活成同一种形状。

用最舒服的方式活出自己最舒服的状态，哪怕在别人眼里是个怪胎。比起橡皮人，棱角清晰、轮廓分明的人反而更容易被记住。我们大家生而不同，也应该活得与众不同。

03 太在意别人的看法，
最后会活成自己讨厌的模样

自从微信被广泛应用之后，关于朋友圈的话题一直源源不断：我该不该在朋友圈秀恩爱呢？我发的动态要不要屏蔽那些我讨厌的人呢？我要不要也把朋友圈权限设置成三天可见呢？……其实朋友圈的存在就是为了和朋友分享生活的瞬间，但是后来随着好友列表人数的增加，我们的烦恼也在跟着增加：我这样发动态会不会有人误会我是在说他啊？这样秀恩爱会不会挨骂啊？这样说领导不会对我有意见吧？每次发一条动态都在内心打一场恶战，十分煎熬，所以有人干脆退出了朋友圈。还有人把朋友圈当作自己开的店铺，每天发各种商品信息。

聚美优品 CEO 陈欧在为自己代言的广告中说："你只闻到我的香水，却没有看到我的汗水；你有你的规则，我有我的选择；你否定我的现在，我决定我的未来；你嘲笑我一无所

有不配去爱，我可怜你总是等待；你可以轻视我们的年轻，我
们会证明这是谁的时代。梦想，是注定孤独的旅行，路上少不
了质疑和嘲笑，但，那又怎样？哪怕遍体鳞伤，也要活得漂
亮。"我们也应该这样，敢于为自己代言，不用太在意别人的
看法，别活成自己最讨厌的样子。你有你的看法，我有我自己
的选择。

　　记得以前在杂志上看到过一个小故事，有一天一位著名画
家画出了一幅非常得意的作品，于是把画拿到街上展出，想让
大家提一些建议，他在画旁边放了一支笔并附上说明："如果
有观赏者觉得这幅画有什么欠缺之处，请在相应的地方做出标
记。"结果到了晚上整张画都被标记满了，没有一笔不被批评。
画家很难受，开始怀疑自己，他苦闷了一整晚之后决定用另一
种办法解决这个问题。他画了一幅一模一样的画又拿出去展
出，只不过这次附上的说明是："如果有观赏者觉得这幅画有什
么精彩之处，请在相应的地方做出标记。"到了晚上这幅画同
样也被标记满了，没有一笔不被赞美。

　　别人的看法总是很容易误导自己，只有坚持做自己，才是
最有意义的事情。很多时候我们都是在思考如何做到让所有人
都喜欢自己，所以浪费大把的时间来取悦别人。但是到最后才
发现，做到了让大多数人喜欢自己，却离最初的自己越来越
远，甚至会活成自己以前最讨厌的样子。

《阿甘正传》里有一段对话很经典："你以后想成为什么样的人？""什么意思，难道我以后就不能成为我自己了吗？"所以，我们何须在意别人的看法呢？我就是我，是不一样的烟火。

作家王小波在《一只特立独行的猪》中写道："它们肯定不喜欢自己的生活。但不喜欢又能怎样？人也好，动物也罢，都很难改变自己的命运。"但是书中的那只猪不是，它无视规则，大胆地做自己想做的事情，活成了最特立独行的猪。

现实生活中，特立独行其实包含了种种含义，而真正能够做到特立独行的人少之又少，这需要很大的勇气，甚至要遭受很多的白眼。但是我们至少能够做我们自己，尽量追求自己喜欢的样子和自己真正向往的生活。人生而不同，到后面却活得逐渐相同，就是因为我们太在意他人的看法，太在乎他人对自己的评价，渐渐就没有了主见，以至于弄丢了自己。

我们要接受每个人都是不同的个体的事实，每个人都有自己的风格，如果一味用别人的标准来要求自己，做自己不喜欢的事情来融入其他阵营，不管最后有多少朋友，你都会离幸福越来越远。不用太在意别人的看法，否则你会在某一天忽然从梦中惊醒："我怎么活成了自己最讨厌的模样？"

04 当你停止讨好别人，
全世界都会来爱你

迪帕克·杜德曼德医生说过这样一段话："你生命中所有的问题，都来自于你不够爱自己。最坏的事情是人一生都不了解自己，因此一生就白白浪费了，不管多么富有、多么成功都没用。不依赖他人的评价来行动，不取悦他人，而是取悦自己。"

当我们遇到一个喜欢的人时，就会不由自主地把自己放低，为了迎合喜欢的人的口味甚至把自己低到了尘埃里。但是你有没有想过，当你讨好一个人的时候，你的本意是想讨得关心或者爱。一旦是讨，你就得低三下四，这件事情就变质了，注定不会有什么好结果。

我觉得讨好是一种自私的行为，因为它的本质是为了得到好处。但是既然是讨，谁又会把最好的东西给要饭的呢？所以，你就是再低三下四也讨不来好。

《被嫌弃的松子的一生》中，主人公松子就是明显地在刻意讨好别人，她的这种性格可以被称为"讨好型人格"。小时候，她妹妹身体不好经常生病，父亲就只专心照顾妹妹，而对松子从来都是责骂。有一天，松子搞怪扮鬼脸引起了父亲的注意，她发现这样能让父亲对自己笑。所以从那天以后，原本生得漂亮的松子，在家中就靠扮丑度过了自己的童年和青春期。

因为从小就不被父亲疼爱，松子长大后无比渴望爱情。她害怕男朋友会离开自己，就无底线地包容男朋友的行为，一次又一次地妥协。男朋友打她，她还是笑脸相迎，随后换来下一次更加肆无忌惮的毒打。

松子小时候害怕得不到父亲的爱，所以扮丑吸引注意力；长大后害怕得不到男朋友的爱，所以无底线地容忍。她是个没有安全感的人，直到生命的尽头，自己孤独地死去。松子临死之前在墙上写下了一句话："生而为人，我很抱歉。"

松子不明白她这一生最失败的就是无底线地讨好，舍弃了自己的尊严，用来博得并不值得她这样付出的爱。松子是善良的，但是有时候人与人之间的感情，不是靠一方一直迎合和讨好来支撑的。喜欢一个人的时候也是这样，只有两个人都想见面，你们的相见才更加有意义。

其实生活中有很多人都是讨好型人格，他们看不到自己的闪光点。尽管这些闪光点在别人眼里可能不那么突出，但它们就是值得你骄傲。不被喜欢有什么大不了的，没有谁敢说所有人都喜欢自己，你用不着为了让别人喜欢而放弃自己的骄傲。真正喜欢你的人，不需要你的刻意讨好，你们能够在一起互相欣赏、彼此尊重，这样的感情才能经受住风雨的洗礼。

蒋方舟说过："真正欣赏你的人是欣赏你骄傲的样子，而不是你故作谦卑或故作讨喜的样子。"你可能想不到蒋方舟这样的人以前也是讨好型人格。她曾经在《奇葩大会》上分享过自己讨好别人的一些经历，她说自己从来没有和任何人产生过真实的关系，就是因为她害怕与别人发生冲突。

大学期间，蒋方舟做过一段时间的电视节目主持人，在节目中不管采访对象说出多么令她想反驳的话，她都会恭敬地说："老师，您说得真对，再来一段呗。"这与蒋方舟的性格无关，她只是害怕自己说出的话会给别人留下不好的印象。

她说甚至有一次和男朋友吵架，对方打电话骂她，她都没反驳，反而一直道歉，一直道歉了两个多小时，对方还是觉得她在敷衍。蒋方舟只好挂断电话，对方不停打过来她就不停地挂断，整个过程她浑身发抖。

具有讨好型人格的人，不论做什么事情，都很在意别人的看法，做事情之前会思考怎么样才能不让别人反感。一直活在这样的情绪中，渐渐地就会将自己本来的样子隐藏起来，永远活在别人的世界里。有人会反驳我说自己不是讨好型人格，只是比较喜欢替别人着想。千万不要把两者混为一谈，因为到最后你就会发现你活得越来越委屈。

严歌苓说过:"我发现一个人在放弃给别人留好印象的负担之后,原来心里会如此踏实。一个人不必再讨人欢喜,就可以像我此刻这样,停止受累。"越在意别人是不是喜欢你,心理负担就越大,讨好一个人的时候就会用一种卑微的姿态。与其迎合别人的喜好,不如把自己经营得更美好。

我们这一生,不就是要摆脱不相关的人活出自我吗?所以一味地委屈自己讨好别人还不如取悦自己。把生活都过成自己的味道才应该是我们的目标,而不是活成别人期待的样子,慢慢地你就会发现,当你停止讨好别人,活出自己的风采,所有人都会来爱你。

05 先为自己而活，
   才能为别人而活

你有没有听妈妈说过这样的话："我为这个家简直操碎了心，我放弃了工作、放弃了打扮自己、放弃了逛街的时间来照顾你们，我到底图什么……"妈妈们总是说自己一辈子都是在为老公、孩子活着，尽量把每个人都照顾到。但是最后，老公嫌她变成了黄脸婆，孩子嫌她不够时尚。

世界上没有十全十美的人，所以人这一辈子都不可能让所有人都满意。但是世界上只有一个你，所以你是无比珍贵的。生命只有一次，时间也不会倒流，所以不要再为了别人的看法而生活了。我们要先为自己而活，然后才能为别人而活。

最好的生活方式就是在不伤害别人的情况下，选择自己最想要的生活，怎么高兴就怎么来。如果一直按照别人规定好的路线来生活，那就失去了自我的价值。我们没必要为了一些没意义的事一次次为难自己，不是说"不"就是自私的行为，生命只有一次，要为自己而活。

曾经看过这样一个故事。有一只山鸡住在低矮温暖的草窝里，每天开开心心。忽然有一天，听说长颈鹿盖了一个高大的豪宅，森林里的动物都前去观赏，每个动物都很羡慕，连连称赞长颈鹿的房子很气派。山鸡也非常羡慕长颈鹿的房子，它连忙回家把自己的草窝拆了，使出了吃奶的力气盖了一个跟长颈鹿的房子一样气派的房子，以为自己可以变凤凰了。

除了山雀外，森林里的小动物都来祝贺山鸡，山鸡听到赞美之后非常高兴。冬天来了，天气慢慢冷了起来，山鸡整天在高高的家里瑟瑟发抖。但是一旦有小动物从它家门前路过夸赞，它就会装出一副舒适的样子。

天气越来越冷了，森林里下了一场大雪。大雪过后山雀来到山鸡家里，劝说缩成一团的山鸡："不要总为别人而活，要为自己而活，爱慕虚荣，最终受苦的还是自己。"山鸡不但不听劝，还骂了山雀。之后它每天挨冻，最终无怨无悔地冻死在了别人的赞美声中。

生活中也有很多像山鸡这样的人，爱慕虚荣，喜欢听别人的赞美，有时也会像山鸡一样误入歧途，想方设法做一些能得到别人崇拜的事情，最后却失去了自我。人得学会为自己而活，一直活在别人的赞美声中诚然可以得到满足感，但这些赞美也如快餐一样毫无营养，吃多了不但有害健康，还会成瘾。

有时候承认自己的不足并不会让形象减分，反而是那些总要把自己打造成其他人的样子的人，慢慢会发现他完全没有了属于自己的形象。我们应该捍卫自己最喜欢的生活方式，不管其他人的生活多么丰富多彩，自己的黑白电视也可以别有一番滋味。遵从自己内心的声音，活出自我，自己快乐丰富，就是生活的王者。

《战狼2》上映这么久了，提到吴京还是会热血沸腾，我喜欢吴京是很久以前的事了。超高的票房给他招来不少评价，有人说他一战成名，但是真正了解他的人都知道他有多么努力。他这一路有不少冷言冷语，以前总有标题党这样说："颜值人品都不差，他不火的原因竟是……""他比某某明星都早出道，一直不火的原因是什么？"面对这么多的嘲讽，吴京始终没有放弃自己的电影梦。他说："我只是想拍出一部真男人的电影、有情怀的电影。"现在很少听见黑他的声音了，因为他用行动证明了自己，他坚持自己的梦想，再也不是标题党里的某某某。不活在其他人的看法里，我们就永远都是自己。

有人认为在某种场合人有优劣之分，但是对个体而言，就需要适应这些差别。永远别强迫自己做另一类人，因为无止境地妥协，你只会离自己想要的生活越来越远。面对不同时，遵从自己内心的声音，为自己而活才是最大的勇敢。

06 做独一无二的自己，
   你就是一颗夺目的明珠

这个世界每个人都是独立的个体，不需要羡慕别人，也不要模仿别人。趁着年轻就去自己最想去的城市，做自己最想做的事情，永远都要热爱生活，对所有事情充满热情。不断去学习，加大自己的知识储备量，别追求太安逸的生活，也别一直止步不前。大胆去做自己想做的，成为那颗最灿烂的明珠。

拥有多少财富，做到什么职位，这些都没有活出自己的风格来得实际。要在有限的时光里，活成最真实的自己，每天都开心地度过才好，别为了一些虚假的东西浪费了自己的生命。

昨晚上接到朋友王浩的电话，他说自己一个人在广东是多么不容易，省吃俭用也攒不下多少钱，不但买不起房子、车子，连送女朋友的礼物都不敢买太贵的。他说羡慕他的老板，可以每天开车去上班，还有大房子住，不怕迟到。他说这么多年在广东没交到一个真心的朋友，老板的朋友就很多，因为老板很大方，有很多钱可以随时帮助朋友。王浩说他对自己很失望，不管自己再怎么努力，都没办法在广东站稳脚跟。

人总有着与生俱来的自卑感，觉得自己不如别人优秀。所以就羡慕别人的生活，羡慕别人家的孩子有一个好爸爸，有吃不完的零食、玩不完的玩具；羡慕别人可以开豪车住豪宅；羡慕别人可以不用为了房租省吃俭用。然后开始幻想，如果自己也像某某一样就好了。

人总是从小到大都想追求完美，甚至想把自己变成所有人，但就是不想成为自己。我们为什么不能接受最真实的自己呢？经常有人抱怨生活，说自己过得多么糟糕，说这样的生活不是自己想要的，却从来不冷静下来看看自己糟糕的生活是否是自己想象的那么不堪。并不是自己的努力程度不够，而是你总爱不自觉地跟别人比较。稍微有一点比不上别人，就开始觉得人生失败、低人一等，甚至怀疑未来，但是也许你看到的那些人光鲜的外表下藏着的是不为人知的孤独。

我还有一个富二代朋友，也时常跟我抱怨，不过他跟王浩抱怨的就是完全不同的版本了。他总说别看他在人前活得光彩夺目的，这些年为了能更好地继承公司，自己没少挨老爸的教训。还说身边那群酒肉朋友，如果有一天他落魄了，不知道还有几个人能真正陪着自己。他说羡慕普通人的生活，羡慕他们可以为了省几毛钱跑去菜市场买菜的生活的味道。

　　你看，不管是有钱还是没钱都在羡慕他人，却从来不关心自己的生活。生活中这样的人有很多，自己做的一切好像都是被别人推着走的，所以就越来越不快乐。如果累了，不如停下来休息，但是不要怀疑自己的人生，也不要因为别人的生活而改变自己的追求。每个人都是不同的，生活方式不同，追求的东西也不同。不要强迫自己成为什么样的人，每个人都是独一无二的，做好你自己，你就是人生最大的赢家。

　　世界上没有两个完全相同的人，就像没有两片完全一样的树叶，一个人也不能两次踏进同一条河流。任何生命都有自己存在的价值，我们的人生不会像电视剧一样有彩排的机会，每一分钟都是现场直播。所以不要小看自己，也不要羡慕别人，你就是你，独一无二的你。我特别喜欢刘瑜说的那句话："人要自己活得像一支军队，对自己的心灵和大脑招兵买马。"有的人因为害怕孤独，所以拔掉了自己身上的刺，融进了别人的生活。但是我们应该尊重自己，不要惧怕也不要抱怨无人陪伴的日子，那些日子虽然孤独，却也充实；虽然忙碌，却也深刻；虽然冷清，却也在闪闪发光，照亮着你的心灵。

07 只有当你不再自我否定，
才能看见真正的自己

　　"我都这么大了还没有谈恋爱，肯定要孤独终老了。""怎么我妈不把我生得好看一点，不然我也不会这么不起眼。""这点工资可怎么生活，真是没用。""我奋斗了这么久还是买不起房，这辈子都不会有什么出头之日了。"这个世界上总是有这样的人，习惯否定自己，每天闷闷不乐，找不到自己的价值，觉得自己这也不行，那也不行，每天羡慕别人的生活。

　　很多人都是这样，不断否定自己，理由大多相似。但是如果你真的像自己所说的那么差，又是什么使你坚持活到了现在呢？所以你是不是没那么差劲呢？如果你拿自己和马云比，那就太穷了；如果你拿自己和姚明比，那就太矮了；如果你拿自己和李白比，那就太没有才华了。你总能发现别人有比你好的地方。或许你又要说他们都是名人，你不奢求自己达到那种境界。但是你的界限又在哪里呢？和吃不饱饭的孩子相比，你太过幸福；和患病在床的人相比，你太过健康；和辛苦工作的农民工相比，你太过舒适。

　　其实我们羡慕别人的同时，也有其他人在羡慕我们。每个人都有优点和缺点，有值得别人羡慕的一面，我们能做的就是不要去比较。多肯定自己的优点和自己拥有的一切，就能感受到自己的价值。

　　上次哄小外甥睡觉的时候读到了这样一个故事。有一只小羊跟别的羊都不一样，它的一只耳朵是柠檬色的。一天小羊饿了，就去草地上吃草，可是到了之后发现草已经被其他的羊吃光了。小羊又渴了，可是走到水洼边发现小猪把水喝干了。后来好不容易找到一个睡觉的好地方，可是发现已经有其他小羊在那里睡觉了。于是小羊开始讨厌自己跟别人不一样的耳朵，认为所有不好的事情都是因为这只耳朵。老山羊听说后就用笔给小羊的耳朵涂上了"粉红色"的颜料，并告诉它现在它的耳朵跟别的羊一样了。小羊很开心，觉得自己做什么事情都很顺利就是因为这只粉红色的耳朵。后来下了一场大雨，小羊耳朵的颜料被冲掉了，小羊赶紧去找老山羊，请老山羊再把自己的耳朵涂成粉红色。这时老山羊跟小羊坦白说："我给你涂的其实是水，你的耳朵一直都是柠檬色的。"小羊忽然意识到，原来一切的改变并不是因为耳朵的颜色，而是源自于内心。到了晚上，小羊向小伙伴们宣布："我觉得我这只耳朵就像天上的星星一样闪亮，大家以后就叫我'星星耳'吧。"大家发现充满自信的小羊和它的名字"星星耳"一样，是那么特别，那么闪亮。

著名诗人毕加索曾经说过："你自己就是个太阳，你腹中有着千道光芒，除此以外别无所有。"我们每个人都是被精心打造出来的，每个人都有自己的万丈光芒。但是总有很多人羡慕别人的生活，从来不正视自己，不肯定自己的价值。往往肯定自己比羡慕别人来得更实在，生活的意义与价值也在你的一念之间。所以，试着肯定自己，你最终会发现自己是如此优秀。

拳王阿里第一次走进拳击场时，所有观众都认为瘦弱的他不出五个回合就会被打倒。但是，就是这个瘦弱的、不起眼的年轻人，在一生61场比赛中，56胜5负，创造了拳击界的神话，他是拳击史上第一位三次夺得世界重量级冠军的人。他曾经说过："'不可能'只是别人的观点，是一种挑战，但绝不是永远。"阿里不管别人如何否定自己，自己从来不会否定自己，所以他才成为传奇。

心理学家詹姆斯说过："人类本质中最殷切的要求是渴望被肯定。"生活中很多人不是没有价值，而是缺少对自己的肯定；或者更多的时候不是不能肯定，而是不愿意肯定自己。学会肯定自己很重要，因为当你那种被肯定的心理得到满足的时候，就会有不竭的动力前行，并最终找到真正的自己。

08 从明天起，
做个"不好相处"的人

今年三月份的时候，我跟朋友一起去泰国旅游。抵达曼谷机场后我怀着十分激动的心情，特别兴奋地发了一条朋友圈。10分钟后，我终于意识到自己的愚蠢，感觉自己是个傻子。

"宝贝，你去泰国了？帮我带个东西吧，我挑个最想要的、最轻的好不好？""哇，×××在泰国卖得超便宜，我一个朋友就是在那儿买的，你帮我带一套吧。"

发完朋友圈之后，微信就好像爆炸了一样，一些八百年不联系的朋友都开始叫我宝贝了，收到了一堆代购的消息。偏偏我又不会拒绝别人，就全都答应了下来。本来一周的行程，结果就这样被帮人家东奔西走排队买化妆品带特产活活占去了一半的时间。回国那天，行李箱里塞满了帮别人带的东西，大家让我买的时候都说超级轻，但是超级轻的东西加在一起就是超级重了。

　　到家后的第一件事情就是把所有代购的东西寄出去，我以为一切都已经结束了。两天之后有个让我买某种色号口红的朋友忽然跑来问我："这个色号跟网上看到的不一样啊，色差太大了吧！"我当时就在心里想："你没买过口红还是怎么的，哪有没有色差的？"表面上还得笑着回她："不是吧，我看那个颜色还挺好看的，有点色差没什么的，是你能驾驭的颜色。"她过了好一会儿回我一句："算了，算了，就当白买了吧。"

　　我当时真的要委屈死了，好好的旅游计划全被她们这群人打乱了，牺牲了我一半的时间帮她们买东西，非但没有人感谢，还落了一堆埋怨，这才知道自己做了一件多么费力不讨好的事情。

　　生活中有很多这样的人，体贴，温暖，不会拒绝，结果不知不觉就变成了其他人眼里的老好人。身边的人总会来麻烦你，不管大事小事你都来者不拒，出现问题了你也总是退让，他们却慢慢地对此习以为常。结果就是事情都由你来做，委屈都由你来受。我们平时就是因为害怕失去，所以不懂拒绝，但是一味妥协只会失去更多。

　　我以前在一家教育机构上班，办公室有一个新来的大学还没毕业的实习生。一开始表现得特别好，每天第一个到，开窗子，浇花，煮咖啡，晚上最后一个走。平时工作的时候也很爱帮助别人，自己主动找活干。大家都对她印象不错，领导也经常表扬她。可是日子久了，大家就麻木了，把她的这种行为当成理所当然，每天等着她煮好咖啡摆在桌子上，也习惯将一些小零活交给她干。

因为她没有毕业证，所以实习期很长，要等她毕业证发下来才能转正。一个月之后实习生明显没有以前那么积极了，别说浇花，她还经常迟到。有一次，一位老员工让她去打印一份材料，实习生回答说："我忙着呢，您自己弄吧。"她这话一说出口，整个办公室都安静了。结果当然是大家开始有意无意地疏远她，后来还没等到毕业证发下来她就辞职了。

实习生完全给自己布了一盘死棋，由开始表现的积极到后面的懈怠，会让大家觉得她很虚伪。就算她一直表现得很积极，能留在公司的时间也不会太长，因为大家把她所做的一切都视为理所当然。这种现象在心理学上有个专业的解释叫作"阿伦森效应"，就是说人们最喜欢那些对自己的喜欢、奖励、赞扬不断增加的人或物，最讨厌那些对自己的喜欢、奖励、赞扬不断减少的人或物。实验中，阿伦森将人分成4组，对某人给予不同的评价，借以观察某人对哪一组最具好感。第一组始终对之褒扬有加，第二组始终对之贬损否定，第三组先褒后贬，第四组先贬后褒。此实验对数十人进行过之后，发现绝大部分人对第四组最具好感，而对第三组最为反感。

阿伦森效应提醒人们，在日常工作与生活中，应该尽力避免由于自己的表现不当，造成他人对自己的印象朝不良方向逆转。同样，它也提醒我们在形成对别人印象的过程中，要避免受它的影响而形成错误的态度。

这就是为什么每次有人找你帮忙你都答应，给自己树立了老好人的形象之后，对方开始习惯你的存在。忽然有一天你拒绝了他，对方对你长期以来的好感也会随之而去。

所以凡事都要有一个度。如果你也是这种好说话的老好人，身边的朋友都对你的付出视而不见，觉得这是你分内的事情，那么，请从明天起，做个"不好相处"的人。

第五章

被时光宠溺的人，
只因用力活得多彩

生活就是一面镜子，
你笑，它也笑；
你哭，它也哭。
你感谢生活，生活将赐予你灿烂的阳光；
你不感谢，只知一味地怨天尤人，最终可能一无所有。

01 仪式感：
让每一个普通的日子都值得纪念

"生活需要仪式感"是新兴的话题。怎样才算有仪式感？我之前一直没有弄明白，认为无非就是一些吃饭先拍照之类无聊的事。直到有一天在网上看到一句话才恍然大悟。

"生活中的仪式感，不是矫情，而是一种积极向上、豁达乐观的生活态度，让人相信自己配得上更好的一切。"

这种仪式感，会让人在平淡琐碎的日子中，体味到生活的诗意。说到底，就是一种对生活尊重、认真和热爱的态度。

又到一年毕业季，漫步在小区附近的大街上，周边的饭店和经常去的烧烤摊放着一些关于毕业和怀念青春的歌。思绪也会伴着这些旋律飘回毕业的时候，脑海中极具画面感和仪式感。

作为一个念旧的人，我不太愿意去想那些曾经思绪万千的时刻，但是那些具有仪式感的日子深深地烙在了心上。

　　仪式感听起来是一个很庄严的东西，总是觉得和平常的生活搭不上边，可回头想想，身边发生的印象深刻的事情，往往像极了一种仪式。

　　最近一段时间在看《奇葩说》，有一次的辩题是分手的时候应不应该当面说。有很多人发表观点认为这个时刻应该要有一些仪式感。我不懂他们为什么这样说，即使这一刻再怎么有仪式感，也无法改变分手的事实。

　　相比分手，结婚的那一刻才是真正的最具有仪式感的时刻。所有人都很认可这个观点，但是不喜欢把分手和结婚拿来做比较，认为和结婚相比，太过重视分手这个仪式也不好。无论怎么说，这两件事情都会在心中留下浓墨重彩的一笔，不知不觉便产生了仪式感。

　　热爱生活的人应该都愿意生活在童话里，都会被一些美好的故事所感动。生活嘛，总该要有一点情调的。《小王子》就把人们口中的仪式感描写得很美好。

　　狐狸说："你最好在相同的时间来，比如说，你下午4点钟来，那么从3点钟起，我就开始感到幸福。时间越临近，我就越感到幸福。到了4点钟的时候，我就会坐立不安，我就会发现幸福的代价。但是，如果你随便什么时候来，我就不知道在什么时候该准备好我的心情，我们，需要一些仪式。"

　　我不由心生感慨。到底经历过什么，才会对生活有这样的深刻领悟，才会有如此美好的生活态度。

小王子问狐狸："仪式是什么？"

狐狸回答说："它就是使某一天与其他日子不同，使某一刻与其他时刻不同。但这往往也是经常被遗忘的事情。"

在它眼中，仪式感是对生活的尊重，提醒我们生命中重要的人和时刻，并从中感受到爱和希望。

生活还是需要一些仪式感的，这与矫情没有关系，而是出于对生活的热爱，对幸福的渴望，甚至有时候它既是一种结束，也是一种开始。我们对生活的付出和热爱，值得我们这样庄重地对待自己。

如果没有仪式感，生活中一些对自己很特别的时刻就会这样擦肩而过，随着时间慢慢消散在记忆中。漫不经心地生活，自然不会记住这些美好的瞬间，又怎么会有美好的回忆呢？

对于人们来说，仪式感就是为原来平淡的生活留下更多的回忆，即使是不开心的回忆，有时候将痛苦发挥到极致的时候，也是幸福来敲门的时刻。

也许，回忆变多了，可能会让人更加懂得珍惜美好的事物吧。

其实平常的每一天都应该有仪式感，放慢脚步，稍微花一点心思给生活增加一点仪式感，两个人的晚餐会因为一张桌布而变得浪漫，普通的朋友聚会也会因为盛装出席而变得摇曳生姿。每天晚上对自己说一声晚安，也是一天结束的仪式。

　　现在的快餐文化让我们的生活变得缺乏情趣，生活节奏加快，生命中越来越缺少仪式感。没有仪式感，人生就不会庄严，心就不会安静。所以，很多人才愿意慢下脚步，寻找生命中的美好，选择有品质的生活。

　　每个人的生活中，都会有烦躁、慌乱甚至消沉的时候，静下心来，在生活中增加一点仪式感，也许这就是最好的选择吧。如同在一杯苦涩的咖啡中加入一颗糖，只有品味了苦涩，才会留恋甜蜜。

　　对一个人来说，每一天都有仪式感是一件美好的事情，但是也没有必要特意动心思制造仪式感，让人显得做作，过度包装生活不仅会使自己疲惫，也是敷衍别人。

　　不管怎样，只要不忽略做一件事情本该投入的热爱就好。

02 任何境遇下 都不要敷衍生活

　　有些人可能会将匮乏的物质条件与生活将就随意画上等号，自觉地认为穷的时候，生活品质就无迹可寻。似乎在人们眼中，世间的一切美好，脚下都垫着金钱。

　　记得小时候，我去一个关系很好的同学家做客，对他母亲端出来的一盘凉拌黄瓜印象深刻。条状的黄瓜整齐地摆在一个盘子里，上头放着蒜泥和红椒，红红白白地衬着翠绿，煞是好看。那盘凉拌黄瓜放在一张简单的八仙桌上，餐桌上有一个玻璃瓶，里面插着一束从山上采来的野花。

　　他家很穷，拿不出招呼小孩子的饼干糖果，那盘凉拌黄瓜却深深地留在了我的脑海之中。

　　所谓生活品质，不是顿顿山珍海味，而是在粗茶淡饭中也能吃出快乐和满足。或许只是在打扫房间的时候，将一束新鲜的野花插在桌上的瓶子里。所谓生活品质，就是在任何境遇下都不敷衍生活。

关于生活，林清玄说过这样一句话："生活品质是一种求好的精神，是在一个有限的条件下，寻求该条件最好的风格与方式。"在自己的能力范围内，尽力将生活过得精致，才是一个人对生活和自己最大的尊重。

抗战时期，林徽因带着孩子逃难到李庄。他们在月亮田的居所只有两间房，阴暗潮湿，墙壁用竹篾抹泥，常常可以看到房顶上的老鼠和毒蛇，床上则不时有跳蚤和臭虫。没有自来水，没有电灯，夜里只能点煤油灯。

在此期间，林徽因患上了肺结核，大部分钱都用来治病，生活很拮据，身体大不如前。不过她依旧与好友书信不断，大大小小的信纸可能是从街上带回来包过肉或菜的。

当有人惊讶地听到"林徽因在昆明的街头提了瓶子打油买醋"的传闻时，林徽因已经在李庄开展"大种番茄"运动了。

番茄种子是梁思成带回来的，种在门前田边的松土里。当地老百姓惊讶地看着这些红艳艳的果子，而林徽因就慷慨地坐在门前，对来参观的人说，拿一点秧苗走吧。

一位好友托人带给他们一点奶粉，她也舍不得吃。梁思成开始学着做家务，蒸馒头，腌泡菜，做橘皮果酱。钱不够花，只好当衣服，当手表，当派克笔，林徽因幽默地对代为卖表的人说："把这派克笔清炖了吧，这块金表拿来红烧。"

据说过年的时候，林徽因还从昆明买了一束山茶花，因为她觉得过年要有过年的样子。

即使林徽因是一个肺结核重度患者，生活拮据，依旧不曾敷衍生活。在一生最贫穷的时光中，她用一种不将就的姿态，将对生活品质的追求，融入到了细枝末叶里。

就像三毛说的："生命不在于长短，而在于是否痛快地活过。"生与死之间的漫长旅程就像一段橡皮筋，长短不过是极限之内的微小差距，而在这无差别的生命旅程中，唯有赋予意义，生命方显独特与壮阔。

今天的中国人，基本告别了饥寒交迫的心酸年代，温饱已不再是生活里的唯一追求。因此，人们的需求也由生理层面上升到精神层面，生活品质也渐渐成为一个热门词汇。有些人有钱了，生活还是一团糟。他们有些不明白，衣食无忧，为什么还是过不出梦想中对生活的满足？事实上，生活质量的优劣并不是由金钱决定的，决定生活品质的，是你的生活态度。

无关贫富，无关权势，无关地位，有关的只是对生活的尊重，对自己的厚爱。当一个人想要认真对自己好的时候，生活品质的提升就已经开始了。要一步步走过自己人生中难熬的阶段，一点一滴从头到脚来收拾自己，任何际遇下都不敷衍生活。

03 真正的平静不是避开车马喧嚣，而是在心中修篱种菊

"真正的平静不是避开车马喧嚣，而是在心中修篱种菊。"这是白落梅《你若安好，便是晴天》里的一句话，记得第一次见到这句话，印象颇深，不仅是因为辞藻华美，还有内在含义让人感慨良多。

梭罗曾经说过："如果我们自己心中没有自由与宁静，如果我们内心深处和隐藏最深的自我只不过是一潭酸臭污浊的死水，那么争取身外的自由又有什么价值呢？"如果一个人的内心无法平静，那么，不管他是隐居在深山老林，还是身处闹市街区，他的生活都是无法安宁的，因为他的生活状态受制于内心的状态。如果不能让自己的内心保持宁静，那么即使能力再出众的人，都无法感受到快乐，甚至会自找苦吃。

内心宁静可以体现出一个人的成熟和智慧，只有当你的内心保持宁静的时候，才能体会到世界的博大和生命的精深。

外界环境再怎么安静都比不上内心的宁静。但是人需要排除内心的杂念，才能获得那份宁静。生活中遇到的事情有很多，用什么样的心态去面对，如何化繁为简，只有自己才能决定。

当你的内心真正做到了宁静，那些恩宠、权势等都不会污染你的心灵。这些东西对你来说已经没有太大的吸引力了，因为舍得，内心才会获得安静。

在如今这个竞争激烈又充满诱惑的时代，保持一个宁静的内心很重要，只有保持一种理性、冷静的心理和坚持不懈的耐性，面对艰险时才能做到淡定从容。

有的人经常会在朋友圈看到别人晒旅游的照片，天南地北很多地方。在为别人高兴的同时请扪心自问，为什么别人可以想做什么就做什么，而你每天努力加班，付出很多心血，还是比不上别人的生活。

你放弃家乡安逸的工作，独自一人来到这个陌生的大城市打拼，带着满腔热情投身工作，为了变得更加优秀而努力，可是到最后什么也没有得到，唯有一颗因看不到未来而烦躁的心。

英国作家威廉·梅克比斯·萨克雷有一句名言："生活就是一面镜子，你笑，它也笑；你哭，它也哭。你感谢生活，生活将赐予你灿烂的阳光；你不感谢，只知一味地怨天尤人，最终可能一无所有。"所以，需要用淡然的心态去对待生活中的坎坷，找回自己内心的平静，而不是每天都处于紧绷的状态。不论从事什么样的工作，都要做好自己应该做的事，即使报酬低微，过程困难，我们也要以一种"不以物喜，不以己悲"的心态尽力完成工作。

即使我们身处平淡的生活中，也不要对未来太过悲观，才能得到心理的平衡。

真正的平静，不是避开车马喧嚣，而是在心中修篱种菊；是身在这个纸醉金迷、诱惑万千的世界中依然能够守住内心的一片净土；是在快节奏的生活中依然能够停下脚步发现周围的美好，让自己的心有片刻的停留。

愿你我在这喧嚣的都市都能静下心来，闲看庭前花开花落，漫随天外云卷云舒。

04 动起来，
生活会有趣很多

网上流传这么一句话："能坐着决不站着，能躺着决不坐着。"随着科技的不断发展，一些层出不穷的高科技产品让人们变得更加懒惰。现在的人们，没事就喜欢躺着，躺着玩手机，躺着看电脑，只需要用眼睛盯着就可以了。

方便快捷成为很多人的生活法则，于是更多的东西诞生了，快递、外卖……你只需轻轻点一下手机，它们就会送到你的面前来，一切的便捷式服务只有你想不到，没有别人做不到。久而久之，生活的乐趣就在这种足不出户中消失殆尽了。

生活越来越方便，却没有了当初的乐趣。

正如一个朋友所说，感觉生活越来越没有意思，对什么都提不起兴趣。日复一日地重复枯燥的工作，只为得到填饱肚子的三餐；好不容易熬到了周末，却不知道该做什么；对看书或者其他娱乐活动都提不起精神，甚至连看完一部电影、听完一首歌的耐心都没有，因为总是觉得没意思。特意腾出时间来一场说走就走的旅行，打算重新激活人生，不过当旅行回来之后，他倒头就睡了一天，睡醒之后，生活依旧。

贾平凹曾经说过："人可以无知，但不可以无趣。"生活亦是如此，为何我们会陷入这个无趣的怪圈？无非是方便快捷的服务让人变得更加懒惰，甘心将自己禁锢在一个冰冷的独立空间里。一扇门将人们与世隔绝，听不到门外的喧嚣，同样也感受不到门外的快乐。

你可以用手机或者电脑在网上买东西，琳琅满目，无所不有，即使这些物品与实体店相比价格差异不大，你却感觉不到曾经和朋友一起逛街的乐趣。你在点外卖的时候，也许偶尔会觉得这一份很好吃，但是这种情绪不会持续太久，因为你没有那种对自己动手做出一顿大餐的期待感。

很多人总是觉得生活无趣，甚至觉得什么事情都没有意思，整天嚷嚷着好无聊。其实生活变得没有乐趣并不是因为生活条件越来越好，而是好的生活条件使人们越来越懒。把自己的生活完全托付给便捷服务，缺少了亲力亲为的过程，自然会变得没有乐趣。

曾经有一个朋友十分热爱生活，他坚持跑步运动已有十年之久，无论是什么样的天气，他都风雨无阻。寒冬腊月，别人还赖在自己温暖的小窝里，他已经悄悄上路。他的活动方式有很多，慢跑、骑车、攀岩和早操，这么多年一直保持着这个习惯。

最让人惊讶的是，他和别人有一点区别，他不是单纯地只喜欢运动，还对文艺的事物感兴趣，喜欢有诗意的生活。

一般来说喜欢文艺的人，都会给人一种多愁善感、愁肠百结的感觉。爱好运动的人，都比较死板，不懂得浪漫，心思不够细腻。

但是他能够两者兼顾，既可以与别人聊莎士比亚、泰戈尔，也可以和一群伙伴在篮球场上厮杀。

每天的运动已经融入了他的血液当中，他经常在朋友圈分享这一天遇到的美好事物，一年四季，无所不含。路边粉嫩的桃花，晴空万里的湛蓝天空，总之他的路上，总是能让人找到生命的乐趣。

生命在于运动并不是一句空话，运动除了可以改善身体状况，修饰体型之外，还可以让人感到每天都特别精彩而有趣。

找到生活中乐趣的唯一方法就是动起来，所谓动起来的含义很广泛，不单单指运动一项，而是指拒绝枯燥无味的生活习惯，在亲力亲为中找到乐趣的过程。

只有动起来，才能让生活变得有趣，让枯燥的生活开出花来。

有人说："婚姻是一座围城，冲进去了，就会被一地鸡毛包围。"但是不拘泥于枯燥和烦琐的人，即使身处柴米油盐的家庭琐事之中，也能找到无限的乐趣。

大师钱锺书养了一只小猫，它经常和邻居林徽因家的大猫打架，而且经常输。不管多冷的天，钱锺书只要一听见小猫惨叫，都会马上从热被窝中爬起来，抱着竹竿冲出去保护自己的猫。大猫经常被他吓得落荒而逃，杨绛怎么劝都劝不住。

钱锺书这种孩子性情的行为可以将生活变得有趣，能够化解一地鸡毛的琐碎，让枯燥的生活开出花来，把每一个平淡的日子都变得其乐无穷。

一个人之所以能让生活有乐趣，是因为他活出了一种人生态度，活出了一种精神。

当你对这个世界充满了好奇和渴望的时候，就要马上行动起来，去感受生活，感受身边的一切，生活自然就会乐趣无穷。

动起来，生活会有趣很多。

05 必须至少有一个 拿得出手的爱好

　　曾看到过一句话："人必须有一个爱好，不是用它来赚钱，也不是用它来炫耀，而是纯粹地喜欢，用它来支撑人生的平淡无奇和艰难险阻。"对此，我深以为然。

　　对于一些人来说，生活无非就是两点一线，并不是每个人的人生都是丰富多彩的，在面对生活中的枯燥和乏味的时候，培养一个兴趣爱好，就相当于给昏昏沉沉的生活打了一剂强心针，那些因为生活而来的烦闷、沮丧等负面情绪会一扫而空。

　　每一个人都应该懂得生活。生活包括日常的柴米油盐，也包括平常的爱好。一位心理学家说过："忧虑是一阵情感的冲动，意识一旦陷入某种状态，这种状态将很难被改变。"

　　面对这种情况，强行从这种状态中脱离出来显然是不现实的。一个人的意志力越强，这种强制措施就越无用。这种情况下，唯一的解决办法就是暗地里给他灌输一些新东西，来转移注意力。如果能够提起人们对另一个领域的兴趣，不久之后，过分负面的情绪就会得到缓解，并开始恢复正常。

有时候和身边的朋友聊天，谈到兴趣爱好的时候，很多朋友都会沉思半天，也想不出来自己平常有什么特别的爱好，忙的时候还不明显，等到闲下来的时候，就不知道要做什么了，天天抱怨好无聊。

身边很多人都是这样，忙的时候觉得生活太累，闲的时候又觉得生活太无聊，原因就在于没有爱好。

爱好就像厨房里的调味品，能让最普通的食材在口中绽放出不同的味道，烹饪出不一样的生活。

随着年龄的增长，人生达到了某个阶段，工作的压力和家庭的压力就会接踵而至。而有一个自己的爱好，对自身是一种调节。当沉浸在爱好之中时，心情会变得轻松愉悦，回头再去看生活和工作，便是另外一种样子。

拥有一项爱好能让我们在独处的环境中，抵制孤独和焦躁的情绪。无论处于人生的哪个阶段，没有陪伴，没有消遣，真正属于自己的时光都不会有太多。如果没有一种爱好，如何度过这漫漫长夜？夜深人静的时候，孤独和寂寞在脑海中挥之不去，胡思乱想只会使心情更加焦躁。找到一种爱好，可以填满日常生活中那些给我们带来负面情绪的时光，让我们重归平静，让内心的烦躁可以得到尽情的释放。

一个人有了爱好，生活便不会单调，也会有一个好心态，他的言语之中往往能透露出为人的智慧和对生活的追求。

名列唐宋八大家的苏轼在青年的时候，可谓是顺风顺水，一往无前。21 岁的他远赴京城考取功名，不费吹灰之力便征服了所有的考官，就连主考官欧阳修都不由赞叹说："老夫当退让此人，使之出人头地。"

然而，苏轼的为官之路却不是很太平，经常与贬谪为伴，对古代官员而言，没有什么比遭到贬谪更让人心痛了。常人被贬一次就苦不堪言，而苏轼被贬谪了五次。被贬之后，苏轼并没有消沉，反而能从他的诗句中体味到他的怡然自得。

"每日起来打一碗，饱得自家君莫管。"被贬到黄州之后，他还心情大好地吃着红烧肉。

"日啖荔枝三百颗，不辞长作岭南人。"被贬惠州，他安心地吃着荔枝。

根本没有把被贬谪放在心上，苏轼好吃，且厨艺了得，古时文人性高雅，有"君子远庖厨"之说。但是苏轼全然不在乎这些，他既能登高而歌，又能下得了厨房，流连于雅俗之间，潇洒不羁。苏轼才华横溢，性情通透，有很多兴趣爱好，所以即便他落魄被贬谪，也没有太沮丧。

当一个人沉浸在自己擅长的事情中时，就不会觉得乏味、浪费时间，反而会有一种满足感涌上心头。拥有一种爱好或者兴趣对一个人的重要性由此可见一斑，但这不是一件一朝一夕就能完成的事情。这种能够为你排解忧愁、带来快乐的兴趣爱好养成的时间肯定不会很短。偶然性的爱好只能获得瞬间的满足，而长此以往的爱好，当日复一日地执行的时候，一个人的信念便会越来越强，自律性也会越来越好。当一种爱好在时光的雕琢下变成我们最好的习惯时，不需要任何的督促，这种自觉的驱动力，就会让人精神饱满，一路向前，追求属于自己的幸福。

人生就是一趟艰险未知的旅途，即使过眼的风景优美，也会被遍地丛生的荆棘绊住脚步，对于平凡的我们来说，总是没有一往无前、所向披靡的能力，但也希望能带着自己的爱好在生活中苦中作乐。即使没有奢华的物质，一个坚持不懈的爱好也会让平凡的生活充满色彩。

06 在平淡的生活中，
发现世间的美好

俗话说："知足者常乐。"在平淡的生活中只有知足者才更能容易发现世间的美好，而那些被欲望操控的人，一般都只顾抱怨生活。因为他们的欲望得不到满足，所以就觉得世上没有什么美好的东西，只能感受到痛苦和深深的恶意。

人活在世间，总会有感受到痛苦与艰难的时候，当面临这些苦难的时候，还能保持积极向上的心态，就是极其难能可贵的了。那些为生活而东奔西走、风餐露宿的人看起来是很辛苦，但是腰缠万贯，荣华富贵也不一定能给人带来快乐。反而是那些为了生活努力奋斗，守本分的人，才能在这平淡的生活中，发现世间的美好。

生活本来就是平淡的，就像白岩松说的："生活中只有5%比较精彩，也只有5%比较痛苦，另外的90%都是在平淡中度过。"一个人再伟大也离不开柴米油盐的琐碎，改变不了昼夜交替的事实。

很多人觉得生活在最底层的人肯定很痛苦，没办法开心。但是他们也在努力生活，虽然在吃穿住行上没办法跟富人比较，至少他们的精神世界可以很充实。

上次跟朋友乐乐去喝奶茶，乐乐盯着奶茶忽然问我："什么样的生活才是美好的呢？"没等我回答她又接着说："我觉得我的生活太平淡了，一点意思都没有，没有什么可以触动我心灵的事情，对生活我也没有什么感悟。好像我只是为了生活而生活，但是又觉得这种生活不叫生活。"我有点被她绕晕了："但是大家不就是为了生活而生活吗？有时候生活根本不需要你去刻意观察，每天睁开眼睛开心地过好今天就是最完美的，生活本就是平淡的啊。"乐乐笑着说："也是啊，我每天想那么多也没用，想着生活太过无聊，所以就越来越无聊。还不如什么都不想，就好好感受一下这种平淡呢。"

其实这世间的美好，有时候就是美在你心甘情愿地去重复一件在旁人看来无聊你却可以乐此不疲的事情。每次我早上起来在阳台浇花，都能看见楼下一对骑着摩托车去上班的情侣。他们把车停在路边，钥匙插在车上不拔下来，两个人戴着头盔牵着手等在早餐店的窗边，一起低头看着慢慢熟透的煎蛋，大约 2 分钟的时间，就提着热乎的早餐再次上路了。还有每天早上准时出现在马路对面垃圾桶旁的一对老夫妻，两个人左翻翻右翻翻，找到几个塑料瓶，然后将瓶子提在手里，将手背在身后，再向下一个垃圾桶的方向走去。

生活在这个快节奏时代，我们已经无法真正静下心来观察生活中的细节，被各种成功的事例熏陶之后变得无比急躁，开始追求更加刺激的生活。世上的确有很多大有一番作为的人，他们有令人羡慕的财富，所以我们的目光被他们吸引住了，大脑也一点点地被刺激到麻木。我们开始把自己变得忙碌起来，让自己没有闲下来的时间感受原本平淡生活中的美好。

很多人都说向往诗和远方，他们认为那样的生活才更有味道。可是谁说只有远方才有美好的东西，生活中处处都是美好，只要你静下心来聆听。对我来说每天回到家里，有一桌热腾腾的饭菜，看见父母在厨房里忙碌的身影就觉得很温暖；饭后会有洗好的水果摆在面前，睡前还有一杯热牛奶放在床头，这些都是美好的事情。每个人的生活都是如此，处处都是美好，只是你还没发现。

07 终生学习，
对新鲜事物保持初恋般的热情

现在这个社会变化太快。以前每次去银行都是排了很长的队伍，现在只有手机APP办不了的银行业务才会想起去银行；以前觉得发明笔记本电脑的人简直是个天才，满足了随时随地办公的需求，但是现在手机办公软件也日渐成熟了；以前觉得4G网络已经是最快的网速，可是现在又要进入5G时代了……社会变迁的速度太快，所以我们必须终身学习，对新鲜事物保持初恋般的热情，才能跟上时代的脚步，才能保证自己不被淘汰。

小米科技创始人雷军说过："站在风口，猪都会上天，只有新鲜事物才有红利风口。"我们只有时刻保持对新鲜事物的热情，才不会被陈年旧事拖垮，才有更多的机会占据其他有红利的优势。

以前读书的时候实行新课改，让老师多利用多媒体方式教学。说实话，根本没有几个老师会用，只有几个年轻的老师愿意尝试。那些年纪大一点的老师已经习惯了自己的教学方式，而且他们对多媒体既不了解，也不想去学习。但是我们的语文老师田老师就是一股清流，他每次上课都坚持利用多媒体教学。我们开始还嘲笑他，因为他已经到了要退休的年纪，我们都觉得一个老头怎么可能会用这种东西。他也的确不会用，不过他愿意学习，每次遇到不懂的地方就会叫我们帮他。他说现在你们就是我的老师了，我们都被这个老头的执着打动了，再也没有人嘲笑他了，反而比以前更尊重他。

对所有新鲜事物保持热情还能让我们觉得自己永远年轻，因为我们在不断学习新事物，接受新知识；对所有新鲜事物保持热情还可以让我们的工作水平不断提升，因为我们在学习新事物的同时可以不断探索改进自己的工作方式；对所有新鲜事物保持热情还可以让我们永远有一个积极向上的生活方式，因为新事物总是在引领时代的潮流。

有一次我去朋友家玩，他家 8 岁的孩子缠着我跟他玩五子棋。我没办法推辞就陪他玩了一会儿，我随便乱玩，然后堵堵他的棋子。他每次落子之前都要埋头苦想，不过一个 8 岁的孩子跟一个成年人玩游戏无论怎么样都是不占优势的。但是他对这件事情的热情还有对输赢的追求是我没办法与之相比的。他会一直对这个游戏保持新鲜感，而我就是敷衍的状态；他全身心地投入游戏，而我只是打发一下时间；他因为赢一局就欢呼雀跃，我却毫不在意。

成年人很多时候对待很多事情不再像小孩子那样心思单纯，尤其是在生活上、工作中会遇到太多琐事，就很难对所有事物都保持热情。但是就像玩游戏的这个小孩子，他后面赢了我几次，就是因为他一直热情不减。所以我们有时候不如像个小孩子一样，永远保持对新鲜事物的热情，专注地做事就能很快完成。

路遥在《平凡的世界》中这样写道："只有初恋般的热情和宗教般的意志，人才可能成就某种事业。"他大概就是凭着这份热情才能完成《平凡的世界》，他用了十年的时间写这本书，用十年的青春和生命才换来了这本书的绽放。这本书的全部写作过程都是从中午开始，他每天晚上 2 点钟睡觉，或者有时候早上开始睡觉。可能对他而言也是一个象征，当生命已经进入了正午，他的工作热情却还是像早晨的太阳一样朝气蓬勃。

当他完成《人生》时可以说已经很成功了，但是他并没有在荣誉面前迷失自我，而是相信自己可以有更大的成就。作家就是要活到老学到老，于是他开始为《平凡的世界》做准备工作。路遥说那时候房子里到处都是书和资料，桌子上、茶几上、床头，甚至厕所，以便自己在任何时候任何地方都可以读书。

　　没有了解路遥之前我以为他是天才，可以写出《平凡的世界》这一伟大的文学作品，但是读完他的书我才知道他的创作过程非常艰辛。所以我才更能了解他说的那句话："只有初恋般的热情和宗教般的意志，人才有可能成就某种事业。"

　　我们都应该学习路遥的这种精神，对于自己喜欢的事情就应该保持初恋般的热情。马云曾说过样一句话："很多人输就输在，对于新兴事物，第一看不见，第二看不起，第三看不懂，第四来不及。"这正是应了我们这群人对新鲜事物的心理，有时候跟不上时代的潮流，很多事情我们还没看见就已经结束了。

　　所以我们一定要不断地学习，丰富自己的阅历。对新鲜事物要始终保持好奇心和热情，才能不断进步。

08 哪有什么真正的好命，
　　只不过是活得更用力一些

有一句话我觉得很有道理，大概意思就是："手里有什么牌不重要，最重要的是无论手里的牌好坏你都能打好。"

我们在日常生活中，经常会遇到一些大大小小的事情，有时候觉得一辈子都翻不过这个坎儿了，有时候一点小事就会令我们头疼不已。然后再看看别人，好像是一生顺遂，不由得开始感叹别人的好命。其实，每个人都是偶尔有烦恼，偶尔有幸福。

对我们这种普通人来说，一辈子都称心如意是不可能的，但是为什么有的人遇到困难就愁眉苦脸，而有的人则迎难而上，越挫越勇呢？因为他们活得比我们更用力。

生活中有很多这种事情，你根本不知道自己手里的牌是好是坏，也可能一手好牌被打得稀烂。俗话说："祸福相依。"我现在回过头去看以前的"祸事"，也觉得并没有什么大不了的，有时候还因为那些"坏牌"才有了后来的"好牌"。

　　蒋勋先生在提到《红楼梦》中刘姥姥给王熙凤的女儿起名字的时候，说到了生命力的问题，他说："所谓生命力，就是灾难不再是灾难，危机不再是危机。在我们的生活中，有时候遇到一点小事儿就觉得过不去了，其实就是生命力弱了。"

　　你能说那些积极向上、乐观开朗、不会被困难打倒的人从来没有经历过困难和挫折吗？他们只是生命力顽强而已，就像可以在石头的夹缝中生存的小草、在悬崖峭壁上屹立不倒的大树。

　　生命力顽强的人，遇到山可以爬过去；遇到河可以蹚过去；遇到困难可以解决。遇到任何问题他都可以想办法，而不是坐在原地抱怨别人怎么那么好命。

　　当你不再把困难当作困难，不把挫折当作挫折的时候，你的生活自然就只剩下快乐和美好的事情了。天生好命的人很少，而天生不好命的人就更少了，有些人就是没有活力，所以才觉得自己命不好。当你开始抱怨自己命苦的时候，你就要仔细想想，是你真的命苦，还是以前过得太顺利。有时候太过养尊处优就会很快丧失生命的活力，过习惯了"衣来伸手，饭来张口"的生活就会失去最重要的东西——生命力。所以不要让自己太过舒适，活得比别人更用力一些，你就会拥有一手好牌。

第六章

懂得克制欲望和情绪，才会被这个世界温柔以待

世上的事，认真不对，不认真更不对；
执着不对，一切视作空也不对。
平平常常，自自然然，
如上山拜佛，见佛像了就磕头，
磕了头，佛像还是佛像，你还是你
——生活之累就该少下来了。

01 在金钱的诱惑中守住底线的人，运气不会太差

最近和朋友见面，他突然抱怨最近的运气特别差，不仅买的双色球依旧中不了大奖，平常随便买的刮刮乐也变成了竹篮打水一场空。我劝他放弃这种想法，不要奢望天上掉馅饼，即使掉也不见得会掉在他的头上。人生就像攀登一座高山，只有坚持不懈，一步一个脚印，纵使双手伤痕累累，也终将登上山顶。如果停在山腰上，等待山顶的绳索，也许有一天你会惊奇地发现真的有人向下扔下了绳索，可曾经和你并肩而行的同伴早已攀上了更高的山峰。

君子爱财，取之有道，我相信一滴滴汗水赚来的踏实，因为即使天降巨款，也不知它带来的是幸福还是灾难。

彩票是一个很神奇的东西，它明确地告诉人们概率，却仍然有人相信自己会是万中之一。我曾经从网上看到一个关于彩票的故事。

老王最近走了大运，自己买的双色球中了 500 万。但是老王有些发愁，因为有人要分走他的奖金。老王整天幻想着中大奖，但是为人吝啬抠门，他经常和老朋友老李一起合买彩票，并以各种理由让老李出钱，老李为人大方，也不好意思讨要这几十块钱。于是两人买的彩票一直分不清楚，到底算是老王个人买，还是两人合买。

这种事一旦中了奖就难以说清了。老王觉得奖金应该全归自己，因为中奖号码是他经过研究之后选的，老李一点意见都没给，只是代付了彩票钱。老王觉得自己给老李包个大红包就已经是仁至义尽了。

对这样的结果，老李肯定不满意，虽然中奖号码是老王写的，但是他不出钱买，不还是竹篮打水一场空吗？看在多年的感情上，老李本来打算奖金一人一半，但是老王的想法让他很生气。

多年的朋友因为这件事闹翻了。

两个人争论不休，一个认为中奖的号码是自己写的，一个认为如果自己没有出钱一切都是枉然。两人的争论就像是先有鸡还是先有蛋的问题一样，谁都有理，谁都说服不了谁。

事情越闹越大，两个人之间的矛盾演变成了两家人的矛盾。

见这件事迟迟无法解决，老王动了歹念。他出高价找了两个人绑架了老李的儿子小李，得到消息的老李十分着急。老王主动找到了老李，出了一个主意，两人中的奖金税后是400万，平分之后是每人200万，两个歹徒要价300万，老王决定从自己的200万里拿出100万来帮助老李救出他的儿子。老李感激涕零，觉得关键时刻才能看出一个人的品行。

在老李的见证下，老王抵押了自己的所有财产，还借了不少高利贷，拿到了300万。他和歹徒约好的价格是50万，老王用这种方法可以赚到350万。在巨大的诱惑之下，老王丝毫没有愧疚感。

不久之后，小李被放了回来，心有余悸的老李决定离开这个是非之地，临走之前给老王留了一封信，告诉他要好好生活，自从知道中奖的消息之后，自己没有一天安生过，现在发现有再多钱也没有自己踏踏实实工作，花挣回来的钱舒坦。

到了老王与两个歹徒约定的时间，却迟迟没有消息，老王心中打鼓，没过几天，两个歹徒带着300万跑了。老王心中懊恼不已，不过还好，至少还能赚100万，这也很不错了。经过这么折腾，还不如平分呢。

老王匆匆赶到彩票兑奖处，兑奖处的工作人员拿了老王的彩票放在兑奖机器上面验证，认真确认后告诉老王，这是一张假彩票，不能兑奖。老王差点当场气晕过去，这下可好了，所有的东西都没了，还欠下了高利贷，真是竹篮打水一场空。

莎士比亚曾经诅咒金钱："金子，黄黄的，发光的，宝贵的金子！只要一点点儿，就可以使黑的变成白的，丑的变成美的，错的变成对的，卑贱的变成尊贵的，老人变成少年，懦夫变成勇士……"丑恶的是金钱吗？不是，丑恶的是贪婪的欲望。如果老王能够在金钱面前守住底线，到最后也不会是这种结果。

对金钱的贪求，会使我们成为它的奴隶，也可以说是把我们推进了深渊。反之，如果能够在金钱的诱惑面前守住自己的底线，生活必将一往无前。

02 延迟满足感，
你的人生就赢了一半

"延迟满足感，才能让自己变得不平庸。"这来源于美国一个关于"延迟满足感"的经典实验。

所谓的延迟满足感，就是平常我们所说的忍耐。为了追求更大的目标，获得更好的享受，可以克制自己的欲望，放弃眼前的诱惑。不过也不是单纯的等待，或者一味地压制欲望。说到底，它是一种克服当前的艰难窘境而努力走向长远的能力。

钱锺书先生说过："天下只有两种人，譬如一串葡萄到手，一种人挑最好的先吃，另一种人把最好的留在最后吃。照例第一种人应该是乐观的，因为他每吃的一颗都是吃剩下的葡萄里最好的；而第二种人应该是悲观的，因为每吃的一颗都是吃剩下的葡萄里最坏的。不过事实上适得其反，因为第二种人还有希望，第一种人只有回忆。"

第一种人每次下手摘取的都是最好的那颗，而且每次吃到嘴中的往往都是剩下葡萄中最好的，可是吃着吃着，却发现之后的葡萄越来越酸或是苦，结果一串葡萄还没吃完就觉得没有意思了。反观第二种人，每次都是咬牙吃下一串葡萄中最差的那一个，这样每一次都比上一次的甜美，而且越来越甜，他充满希望地吃完了一整串葡萄，自然会觉得意犹未尽。

李诞在《奇葩说》里曾经讲过这样一句话："我们人类的发展史，就是一段压抑欲望的历史。"从前，世界上有两种人。一种人奉行采集制度，如果想要吃果子了就马上摘下来吃，他们当下获得了快乐。但是这种人最终被淘汰了，活下来的是那种埋头种地的人。

想吃果子就马上摘，代表"即时满足"，而耐心等待庄稼成熟，就代表"延时满足"。

"一个人今天之所以可以在树荫下乘凉，是因为他很久之前种下了这棵树。""股神"巴菲特这样说。如果你学会延迟满足，你将变得更加享受生活。即使是同样的东西，自己动手烹饪一顿美味的佳肴而不是点一份外卖也会使你更加享受这顿饭，菜肴尝起来也会更加美味，因为你花时间投入到了烹饪这件事上，在烹饪的过程中你一直期待着自己的作品，而大功告成之后，你也得到了满足。

当你为了清空购物车或者完成一次旅行而存钱，看着不断增长的钱，这个过程也会使你更加享受这次体验，因为你把一时的冲动选择变成了你为之努力的目标。甚至在你等待完成工作之后再去看电影也是如此，看电影时你不用担心是否会赶不上最后的工作总结，而在工作的时候你也会知道完成之后会有开心的事情。

如果你发现自己学习等待很困难，不要灰心。很多人在他们认为不需要等待的情况下学习等待，因为这是一件非常具有挑战性的事情。建议你尝试着分散注意力，或者将注意力集中在最终的结果，而不是中间的诱惑上。你会发现审视你内在的诱惑是克服它的好办法。每次前进的一小步都会帮助你学会人生中的重要技能。

延迟满足感让你有目标、有条理地工作，享受每一天的生活，最终在人生路上受益匪浅。延迟满足感，你的人生就赢了一半。

03 断舍离，
活到极致一定是素而简

每次整理房间的时候，总会发现一些奇怪的东西藏在角落，比如失去黏性的便利贴、从衣服上掉落的扣子，它们静静地躺在地上，被灰尘覆盖，没有一丝生活的痕迹。

无意间囤积下来的旧物，根本不会在接下来的日子里对我有所帮助，它们最直观的作用就是侵占我原本就狭小的空间，每次心情烦躁的时候随便看上一眼，都会变成我脾气爆发的导火索。最近网上提倡断舍离的文章越来越多，于是我决定静下心来学习一下这种优质的生活态度。

"断，断绝不需要的东西。舍，舍去多余的废物。离，脱离对物品的执着。现在对自己来说不需要的就尽管放手。"山下英子在《断舍离》中写道。

在我的想象中，山下英子家中的摆设应该会很简单，直到我读了她的书，才发现事实好像和我想的不太一样。

简约的厨房中，除了烧水壶以外的厨具全被收了起来，只留下了几件赏心悦目的常用品。留下来的盘子没有随意地叠放，而是像博物馆一样独立摆放，并且互相之间留有空间，便于取用，也很美观。即使一个人吃饭，也耐心地摆好称心的餐具，支上筷架，摆好酒杯，再加上托盘和餐垫，认真地品尝佳肴和美酒的滋味，享受生活的仪式感。

客厅里舍弃了沙发和餐桌这类大型家具，以日本人的习惯，大家无拘无束的状态更适合小桌和靠垫。真正使室内变得富有生气的，是一束朝气蓬勃的鲜花，只需要摆放一束，空间形象就可以大为改观。

山下英子舍弃了繁杂，留下了极简的形式，更注重生活本身的美，追求着充满情趣的平淡生活。

断舍离不等于扔东西，实际上，它是进行一个选择真正有价值的东西的过程。它是一个旅程，就像是和自己最亲近的人，一起去发现对自己来说最重要的东西。

我们很容易因为那些浅显的注解而感到迷惑，我们一直被告知，要舍弃一切可有可无的东西，扔掉一切杂物，不要乱糟糟的人生。

可是，怎样算是可有可无，我们并不清楚。

如果只是单纯地以是否需要、是否有价值为标准来决定物品的去留，那么，每个人小时候的玩具，那些过往稚嫩青春的记忆，都会被当作无用之物舍弃。就像我的衣柜中装满了四季的衣服，它们有的已经陈旧，不再符合潮流，但是它们每一件都有自己的故事。我觉得这样的断舍离还是有些太残忍，也太功利了。

所以，对念旧的孩子，如果他舍不得某件心爱之物，我还是会遵从他的意愿让他保留下来。

我们这个社会，永远在推动我们往前走向前看，鼓励我们与过往割离，开启崭新的人生。可是，不会回头看的人生，是无法触摸到那些内心深处的柔软的。

我们需要丢弃的是那些一直在耗费我们的时间精力却无法为我们带来内心安宁的东西。

所以，断舍离的对象不是物品，而是自己。用山下英子的话说，"断舍离就是拜访内心，就是和自己交朋友，就是自我解放。"

断舍离不仅仅是对周围的物品进行丢弃和清理，更重要的是减少心灵的负担和洗涤心灵的尘埃。许多对自己而言没有必要的东西，我们无须留在生命里；对一个人的心灵而言，断舍离只是为了让对你自己最为珍惜的东西从繁多的物品中进入你的视线。断舍离就是让你的心灵为以后更重要的事腾出位置的过程。它会让你跳出喧嚣的尘俗，与真正的自己相遇。

当你把身边一切不需要、不合适、不舒服的东西替换成对自己来说需要、合适、舒服的东西时，不仅能够让生活的环境变得更加舒适，还可以改善心灵环境，从内在到外在，彻底地焕然一新。

断舍离有时也需要一种勇气，因为人们留恋已成习惯的旧物，还有一些不良的生活习惯，让人陷在蔚然成风的境地里自暴自弃。而有时我们在平常的生活中可以适当地断舍离一下，生活状态就会如同清空垃圾的电脑一样运行得更快，效率会变得更高。我们的人生会更加轻松明快，臻于清晰简约。

梭罗在《瓦尔登湖》中说："一个人，放下的东西越多，就越富有。"这与断舍离所主张的"东西越少，内心越丰富"的理念异曲同工。

但我们不是要过那种家徒四壁清心寡欲的生活，断舍离也不是简单地减少我们所拥有物品的数量。

断舍离并不是割断，而是重新建立人与物之间的关系。

我们也并不是要简单地克制欲望、舍弃物品。

与其流于形式地断舍离，我更愿意留存一些心爱之物，让自己能够不断地爱上这美好的生活。

04 没有节制的爱，
   是对孩子最大的伤害

本来打算趁着假期好好休息一下，无奈家里来了一个小恶魔，他是我亲戚家的小孩子。记忆里这个无法无天的小子掰坏了我上学时候的手办，摔坏过我省吃俭用买来的吉他。每一次当我准备好好教训一下他的时候，大人们便以"他还小，什么都不懂，你一个大人和小孩儿较什么劲啊"这样的话劝我原谅他。

随着年龄和阅历的增长，我看向那个浑小子的眼神中的愤怒慢慢变成了可悲。

卢梭曾经说过："你知道运用什么方法，一定可以使你的孩子成为不幸的人吗？这个方法就是对他百依百顺。"每个人都希望孩子的生活可以幸福，无忧无虑，然而没有节制的爱会变成溺爱，将孩子推向深渊。

曾经有人总结出了中国著名的四大宽容定律："人都死

了""来都来了""大过年的"，第四个就是很多人都反感的"孩子还小"。很多父母经常用这句话来纵容孩子的无理取闹，推脱自己对孩子管教不严的责任。

前段时间和朋友一起去看电影，看到影院里几个孩子不停地踢椅子，甚至跑来跑去，朋友忍不住和旁边的一个妈妈交涉，得到的回答却是："他还小，不懂事，别和孩子计较。"

熊孩子虽然可怕，明知是错却无动于衷的家长更加可怕。

父母始终在为孩子的行为开脱，不肯让别人指责孩子，自己也不会指正孩子的错误，孩子就无法分辨是非。不知道自己犯了错误，也不用付出什么代价，这是多么可怕的无知啊！

作为父母，不应该给孩子找逃避错误和责任的借口。反之，正因为他还是个孩子，像一张白纸一样，具有很强的可塑性，父母的默许和无动于衷，才很可能会被当作变相的鼓励。

最近啃老的新闻层出不穷，他们正值奋斗的青春年华却选择了每天躺在床上生活，缺少独立和勇气。适当地放手，早日让孩子学会独立，才能让孩子拥有一个正常的人生。没有节制的爱，只会将孩子一步步推向深渊。

可惜的是，现在的父母大多不以为然，他们总是认为孩子太小，等长大之后就都会了。

是啊，长大了就会自己穿衣服、穿鞋了。可是当他学会的时候，别人都已经能够在外面独立生存了。

能力的获得是一个循序渐进的过程，不可能指望一个人长到 18 岁就能自然拥有各种各样的能力。从来没有整理过自己用品的人，很难在他 18 岁的时候就能把一切都处理得当；从来没有做过家务的人，很难在他 18 岁的时候就能把房间打扫干净。

如果想让孩子早日独立，父母必须给他们自己动手的机会，不能随意插手。

记得有一次去同事家做客，同事家 4 岁的小女儿给我留下了很深的印象。进门之后，她主动给我拿来了拖鞋，并且笑着和我打招呼。同事和我坐在沙发上聊着身边的事，她就静静地坐在一旁看电视。其间她问同事可不可以吃几样东西，见到同事点头，她才会去拿来吃；如果同事摇头，她便继续看电视。我感到十分震惊，当没有得到自己想要的东西时，她并没有像平常的孩子一样哭闹或者撒娇。

同事看出了我的疑惑，笑着告诉我她的小女儿曾经也爱哭闹，有一次在商场看到了橱窗里的玩具，哭着躺在地上撒泼打滚。同事并没有阻止或者妥协，只是安静地站在旁边等待。等到她没有力气要无赖了，同事才告诉她以后凡事都要问可不可以，如果合理再去做；不合理的话，即使再怎么哭闹我也不会管你。

这件事情过后，同事的女儿就再也没有因为得不到想要的东西而哭闹，反而如果她想要玩别人的玩具，都会跑过去问一下可不可以玩一会儿你的玩具，玩完之后再还给人家。

面对孩子有目的性的哭闹时，父母应该等孩子宣泄完情绪之后再进行温和的劝导，必须坚持自己的立场，能不妥协的事情就不要妥协。这样做才能让孩子知道，哭闹并不是满足需求的唯一方式。另外也可以减轻孩子心中的目的性，让孩子明白，通过哭闹来威胁家长是没有用的。没有底线的退让，只会让孩子得寸进尺，无视规矩。

父母对孩子溺爱的结果就是，孩子既依赖又怨恨父母。如果在家中养成了别人替他做事情的习惯，那么出了家门后无人愿意接受他的趾高气扬时，挫败感就产生了。

父母对孩子的溺爱最终会换来孩子对父母的怨恨，因为孩子想要独立，却又无法离开父母独自生活。

现在的生活很复杂，从来不会对任何人心慈手软。即使父母有再大的能力，也无法庇护孩子一辈子；让孩子学会独立和自主，才是最重要的事情。

正是因为心疼孩子，爱孩子，所以才应该给予孩子有节制的爱，而不是无原则的溺爱。有节制的爱，会让孩子既能感受到亲人的爱，又能从小守规矩，只有这样才能成器。

诗人纪伯伦曾说："你的孩子，其实不是你的孩子，他们是生命对于自身渴望而诞生的孩子。他们通过你来到这世界，却非因你而来。他们在你身边，却并不属于你。"

　　孩子的未来只属于他们自己，放开手让他们去过属于自己的生活吧！

　　父母只是孩子生命中的参与者，而不是替代者。

　　真正的爱不是溺爱，而是给予孩子尊重和信任的有节制的爱。

05 剁手党：
为什么控制不住购物的欲望？

　　最近一段时间突然意识到，为什么生活中多了一些日历上没有的节日。晚上的时候和一个朋友聊天，她兴奋地告诉我"618"要来了，自己的花呗额度提升了不少。后来经过打听才知道，大概就是和"双11"差不多的"剁手节"。

　　最经典的一句销售的语录就是："顾客要的不是便宜，而是能占多少便宜。"所以这样的全网打折或者商场促销便是女人的天堂。问题是有时候，有些人去购物并不是因为自己对这件商品有多大的需求，而是源于一种消费冲动。等到买回来的时候才发现，自己根本不会有用到它的机会。

　　这种事情屡见不鲜，兴高采烈地去逛街，回来之后马上就后悔了，而且还信誓旦旦地发誓以后再乱买就剁手，然而没过几天就将这件事抛之脑后。更让人无奈的是，就算明明知道自己是冲动消费，可就是想买，根本控制不住。

从消费者的角度来看，购物其实是一种宣泄压力的方式，有科学实验证明，当人经历新鲜、刺激的事情时，大脑就会分泌多巴胺。多巴胺可以改善人的情绪，使人产生愉悦感，暂时舒缓压力，而购物这种刺激的活动能够促进多巴胺的分泌。作为一种宣泄压力的手段，尤其是身边的女性朋友，往往就会把购物作为释放压力的方式。

另一方面，能勾起我们购物欲望的诱惑实在是太多了，就像有些商品摆在橱窗中，面对高昂的价格和可有可无的属性，你并不会多看一眼。不过当这些商品打折的时候，便会勾起你占小便宜的心思，不知不觉，你就会将这些不怎么用的商品收入囊中。还有从众效应带来的麻烦。也许你并不是很需要这件东西，不过因为大家都在买，你不买反而会很奇怪。这些都是购物的理由。

在书中看到这样一句话："诱惑无处不在，欲望随时产生，但是我们必须明白，世界不是以自己为中心的，因此我们必须学会等待，学会控制自己的情感和行为。"那么该如何控制自己的购买欲望，避免冲动消费呢？

当你有购买一件商品的冲动时，先要问自己这件商品是不是一定能满足自己的需求，而不是单纯地为了消费。更重要的是，时常看一下口袋里的钱包，衡量一下这件商品在不在自己的承受范围之内，不能寅吃卯粮，给日后的生活带来麻烦。

　　如果你有一件特别想要的商品，不妨先将它加入购物车或者是购物清单里，过一段时间再看，如果过了一段时间之后，仍然觉得有购买的需求，到时候再进行购买，这样就可以有效地避免因为一时心血来潮而购买自己不需要的东西，而且还能为你省下一笔开支。

　　英国首相丘吉尔说过："为了得到真正的快乐，避免烦恼和脑力的过度紧张，我们都应该有一些嗜好。"我们不妨培养一些兴趣爱好来缓解压力。不要把购物当成宣泄情绪的渠道，心情好的时候用购物来奖励自己，心情不好的时候又用购物来安慰自己，这种情绪化的购物通常是冲动消费。健身、游泳、写作等与之相比都是低成本、效果好的缓解压力的方式，可能效果比冲动消费还要好。如果喜欢动物或者植物，可以试着养一些小猫小狗、花花草草；如果喜欢运动，不妨去健身或者跑步。在坚持运动的同时，也试着去结交一些有同样爱好的伙伴，建立良好的人际圈子；或者多花一些时间去学习一些技能，增加对自己的投资，提高自身的价值。

　　人与人最大的区别很大程度上就在于自控力，只有把握住自己，才能去谈其他的，才能拥有美好的未来。

06 最好的状态是
"不过分兴奋，也不过分沮丧"

一个人最大的本事，就是能够控制自己的情绪。拿破仑说过："能控制好自己情绪的人，比能拿下一座城池的将军更伟大。"过分兴奋，会使内心浮躁，变得盲目；而过分沮丧，容易灰心丧气，还没有跑到终点就举手投降，没有冲劲。所以说，一个人最好的状态应该是处于过分兴奋与过分沮丧之间的点上，保持一颗波澜不惊的心。

因为平常心包容着一切，它来自于对现实清醒的认识，来自于对内心深处的表白。人活一世，最重要的就是性情的恬淡和安然。如果能对生活中的各种情况随遇而安，那么我们即使在逆境中也能坦然处之，也能以从容的心境看待人生的百味，以波澜不惊的心态去迎战一切。

曾经在网上看到一篇关于今日头条创始人张一鸣情绪管理的文章。据张一鸣的室友梁汝波说，从上大学到现在，他从来没见过张一鸣打破波澜不惊的状态；即使遇到不舒服的事情，张一鸣也会很克制，很难从他身上看出消极情绪。

大学时期，张一鸣去帮一个女同乡修电脑，回来后兴奋地告诉梁汝波，他看上了同乡宿舍的一个女孩，决定要追。接着又去修了几次电脑。张一鸣把女孩约出来表白，结果他被毫不留情地拒绝了，女孩"连好人卡都没发"。梁汝波本想安慰张一鸣，但张一鸣反而觉得无所谓。

印象更深的是 2014 年，有媒体起诉今日头条侵犯版权，《新京报》也发表社论跟进。一时之间，侵权问题被推向舆论顶峰。

张一鸣告诉《人物》杂志，当自己在公司高管群里看到《新京报》的社论时，"第一反应是委屈。你看我这边给你在带流量，我也没有赚你们什么钱，未来你们需要的话，大家可以谈用什么样的方式来解决"。

于是他主动找到"极客公园"创始人张鹏来帮自己解开疑惑。

其实当时张一鸣内心有不少情绪，但是他表面上看不出有什么情绪波动，只是迅速召集全公司能帮得上忙的人开会，商量谁可以做些什么。并且在纷争之后，张一鸣开始深度学习，了解版权相关的事宜。

接触过张一鸣的人，都觉得他太理性，高兴和沮丧都不轻易示人。

一个成功的人必要条件就是情绪稳定，沉稳，临危不乱，能够在最紧急的情况下保持内心的镇定。他们平常的一举一动，却很容易给别人带来可靠和安全感。

我曾经在一本书上看到这样一个故事。古希腊画家宙克西斯精通绘画，据说在一次绘画比赛中，他画的葡萄十分逼真，连鸟都飞来啄食。这位非凡的画家在一次画阿弗洛狄忒时，突然觉得自己的画很滑稽，倒地狂笑不止，因情绪过于激动而死去了。过分兴奋带来的不良后果就好像范进中举一样，他用尽大半生的精力参加科举，中举之后反而变成了一个只会拍手的傻子。

过度沮丧则会让人变得没有信心，不敢直面失败。站在乌江岸上的项羽，只因败在了垓下之围，便悲凉地自刎乌江。其实他如果回到江东，卷土重来，未必没有机会。所以说控制自己的情绪、保持平稳的心境是非常重要的。

同样的境遇，不同的人就会有不同的反应。他们的差距表现在面对困境时是否能够保持古井无波的心态，是否能够及时而镇定地处理突发事件。一般来说，人只要不是处在过分兴奋或者过分沮丧的状态下，都能保持自制并做出正确的决定。正常稳定的情绪，不仅可以给生活带来美满和安稳，而且能在祸从天降的时候，帮助你化险为夷，转败为胜。

"世上的事，认真不对，不认真更不对；执着不对，一切视作空也不对。平平常常，自自然然，如上山拜佛，见佛像了就磕头；磕了头，佛像还是佛像，你还是你——生活之累就该少下来了。"贾平凹在《自在独行》中写出了平常心的意义。

生命像是一条河，而生活则是一叶扁舟。当我们驾着生活的小船在生命这条河里顺流而下时，我们的生命乐趣，既来自于与汹涌波涛的奋勇搏击，也来自于对微波粼粼的低头深思；既来自于对雄伟高山的肃然起敬，也来自于对平地低谷的无言喜爱。因此，生命和生活都是美好的，这种美好，就藏在被我们忽视的平常之中。

生活不会事事尽如人意，每个人都有属于自己的问题。控制好自己的情绪，不过分兴奋，也不过分沮丧，以平稳的心态坦然面对人生路上的荆棘，才能一往无前，所向披靡。

07 面对巨大的成就或是诱惑，保持冷静独立的思考

最近在网上看到一句话："不管我们的成绩有多么大，我们仍然应该清醒地估计敌人的力量，提高警惕，决不容许在自己的队伍中有骄傲自大、安然自得和疏忽大意的情绪。"这句话出自"二战"时期苏联红军的领导人斯大林之口，他深知骄兵必败的道理，于是抱着这种态度，最终成功地攻入了柏林。

当面对巨大的成功时，如果你对小小的成绩感到沾沾自喜，丧失了对世界和自身的认知，就会慢慢变得自负。所以，面对成功一定要有淡然的心态；只有这样，才能保持冷静独立的思考。

杨绛先生在回忆录中写起钱锺书先生时，讲过一个小片段。

小说《围城》写成之后一直十分热销，后来又进行了再版。再版之后，杨绛问钱锺书，还想不想再写小说。

"兴致也许还有，才气已与年俱减。要想写作而没有可能，那只会有遗恨；有条件写作而写出来的不成东西，那就只有后悔了。"这是钱老给出的回答，诚实得可爱。

作为近代文学史上的大家，在自己的作品大卖之后，仍能如此谦逊从容地面对自己的不足。这种淡泊处世的心态，值得我们认真学习和反思。

拥有淡泊处世心态的人，春风得意时不骄狂，遭遇坎坷时不气馁；身处顺境不失态度，身处逆境不失志气；对成败得失付之一笑，对兴衰荣辱泰然处之。

诱惑是深渊中的一只手，是一株散发香味的猪笼草，拒绝它需要清醒、冷静和决心。

胡兰成读过张爱玲的小说后，惊艳不已，急忙前去拜访。第一次张爱玲拒绝见他，不死心的胡兰成在门缝里塞了纸条，写明了拜访的原因及地址、电话。第二天，张爱玲拜访了胡兰成，两人谈了五个小时，颇有相见恨晚的意思。胡兰成此时已有妻室，还是二婚，并且年纪大得几乎可以做张爱玲的父亲。但张爱玲还是接受了他。不过胡兰成确实好看，眉眼含笑，一表人才。关键是他懂女人又懂得哄女人，情话说得极妙，直达灵魂深处。

不过张爱玲那尘埃里的花，也是迅速凋谢了。相恋几个月后，胡兰成与张爱玲分别，去了武汉。不久便与17岁的护士小周热恋，并煞有其事地娶她为妾。

张爱玲被蒙在鼓里，还给他写信，细碎地讲述生活点滴。之后胡兰成逃亡，住在同学家，又和同学父亲的姨太太范秀美相好，两人一起去范秀美娘家避难，对外竟也以夫妻相称。

张爱玲千里寻夫，三个人在小旅馆见了一面。这一次，张爱玲彻底看清了这个男人的心。她后来在《小团圆》里写道："那痛苦像火车一样轰隆轰隆一天到晚开着，日夜之间没有一点空隙。一醒来它就在枕边，是只手表，走了一夜。"

林徽因却得以幸免。

那年，16岁的她遇到徐志摩，一见倾心。徐志摩和胡兰成颇有几分相似，也是风流倜傥才情横溢，也是口吐莲花深得女人心。当时的林徽因独居伦敦，正是孤苦无依的寂寞少女。这样的相逢，在两人心中，定也是"茫茫人海中遇见你，没有早一步，也没有晚一步"的美好。

但是，当徐志摩的妻子站在林徽因面前时，她惊慌失措。

"她（徐妻）张着一双哀怨、绝望、祈求和嫉意的眼睛，定定地望着我，我颤抖了。那目光直透我心灵，那里藏着我的无人知晓的秘密，她全看见了。"

林徽因茶饭不思，哭了一个通宵，决定马上回国，和徐志摩分开。

在给徐志摩的信里，她写道："原谅我的怯懦。我不敢将自己一下子投进那危险的漩涡，引起亲友的误解和指责，社会的喧嚣与诽难……我降下了帆，拒绝大海的诱惑，逃避那浪涛的拍打……"

林徽因在面对情感的诱惑时，始终是清醒而理性的，知道自己想要什么该要什么，并以长久为计。她能掌控感情，而不是被感情操纵。

而张爱玲则盲目得多。她不管那么多，只要当下。所有感情，她要么进不去，要么出不来。

一个没有经受过诱惑考验的人生是不完整的，诱惑就像山中的泉水，源源不断；冷静地拒绝诱惑，既能成功，也能成熟。

现实生活中，万紫千红的世界扰乱着我们的内心；生活节奏加快，心境也变得混乱不安，有时就会感到筋疲力尽。

但人生在世，谁又会是一帆风顺？谁的一辈子会只拥有幸福而没有痛苦？谁能够只拥有快乐而不会悲伤？

要想活得潇洒自在，就要有一颗淡泊之心；用淡泊的心态为人处世，得之淡然，失之坦然，这样生活才会更加惬意。

08 危机时刻的情绪控制能力，是一个人的顶级实力

汪涵救场的能力一直被人津津乐道。《我是歌手》第三季中，孙楠在总决赛的时候选择退赛。在这种现场直播中，无疑是一次重大事故，他的突然中途退赛让整个节目组和观众都始料不及，整个场面的调度计划也会因此受到影响。

这时候，汪涵站了出来，凭着几十年的主持功底和丰富的阅历。他脸上情绪波动不算太大，与导演眼神交流之后，他首先和孙楠确定了一下是否真的要退赛，然后让导播抓紧时间为他准备一条三五分钟的广告，以备不时之需。又肯定了孙楠和后台诸多唱将的实力，最后安抚好观众的情绪。一套操作下来，行云流水。最后这一次史诗般的操作，被网友称为"教科书般的救场"。

我想这次救场是对苏轼口中"卒然临之而不惊"的最好演绎吧。面对危机时刻的情绪控制能力，是一个人的顶级实力；

情绪稳定的背后，是实力，也是格局。

有些人做事能力很强，但是脾气不太好，不擅长控制情绪，当遇到困难的时候，难免会情绪急躁，转而将怒火发泄到别人的身上。想想看，如果不能控制自己的情绪，一旦与人纠缠起来，没完没了，不仅于事无补，还很可能会错失机会。所以，在遇到事情的时候，除了要控制自己的情绪外，还要能沉得住气，使自己尽量处于平和的状态。

记得曾经看到过这样一个故事：在很久以前，有一位姓王的老板，他开的酒楼在当地小有名气，但是因为得罪了当地的官员，官员想要惩罚他，打算没收他的饭馆。当时，王老板正在外采购，听到消息后，马不停蹄地往酒楼赶。

回来之后，正好遇到店里的伙计们开始吃早餐，伙计们也听说了这件事，见到老板回来一个个都战战兢兢，等着老板训话。王老板并没有立即开会，而是来到伙计们吃饭的房间中，吩咐管家，天气凉了，该吃火锅了。老板的话让所有人大吃一惊，没想到酒楼面对这么大的困难，老板回来后的第一件事居然是关心伙计的饭菜。虽然这种关心伙计生活的行为以前也有，但是老板在面临倒闭的关头还能沉得住气，让伙计们感到很惊讶。

王老板在面临危机时，非常冷静，采取的措施大体都是有效果的，对稳定人心起到了很好的作用。

当官员准备看笑话时，看到酒楼的伙计们都在井然有序地工作，心里十分佩服，于是改变了想法，不再逼迫王老板关门，只是让他交了一些罚款。由此可见，遇到令人生气的问题，不要发脾气；遇到令人恐慌的事情，也要沉住气，保持冷静，才有可能化解危机。

其实，这就好比一艘船，遇到了大风浪，如果作为整条船主心骨的船长先慌了手脚，手下的船员必然会更加慌乱。那么所有人都会只顾着自己逃命，没有人会选择修理船舱，结果就是一起丧生大海。反过来，如果船长能够临危不乱，有条不紊地发布命令，让整条船的人都动起来，齐心协力，就有化险为夷的可能。

事实上，对于突如其来的危机，我们所面对的是巨大的未知性和不确定性；正是这种巨大的未知性和不确定性，才会让我们的内心产生恐惧的感觉，从而心慌意乱，乱了方寸。如果危机当头，不能稳定控制自己的情绪，势必会被危机的后果吓倒，从而无法清醒冷静地思考解决困难的办法；时间一长，便会让自己在恐惧和慌乱中手足无措。这样一来，很可能连最后可以争取的机会都没有了。

"车和家"创始人李想说过一句话："不少朋友不清楚什么是情商。这个情不是感情的情，而是情绪的情，尤其是在关键时刻对我们情绪的控制能力，以及关键时刻做出理智选择的能

力。"一个人若想保持平和的心态，就必须做到两点：第一点
是遇到事情不轻易发脾气；另一点是在危机面前沉得住气。

　　情绪稳定，是一个人最大的本事；能控制情绪的人，也能
更从容地控制人生。"卒然临之而不惊，无故加之而不怒"，才
是大将之风。

第七章

对自己狠一点，
命运正在偷偷奖赏自律的人

人生就是有舍才会有得。
如果你想要得到什么，就必定要放弃一些东西。
想要收获成功，就要放弃安逸去迎接痛苦。
你今天的一切辛苦，必将在明天成为你的回报。

01 想要活得漂亮，
就要忍住诉苦的冲动

晚上的时候接到母亲的电话，她在电话的那头不停地询问我的生活，吃得好不好？住得好不好？工作顺不顺心？我嘴上一直回应都挺好。挂断电话之后，感慨良多，不知从什么时候开始，我不再抱着电话向远方的母亲诉苦，而是默默将生活给予的苦一份一份地都埋进了心里。

突然想起《飞鸟集》中泰戈尔的一句诗："长日尽处，我站在你的面前，你将看到我的疤痕，知道我曾经受伤，也曾经痊愈。"面对凯旋的勇士，你所看到的只是飘扬的鲜红旗帜，是一张张洋溢着胜利喜悦的脸庞，纵横交错的伤疤早已变成了光彩熠熠的铠甲。

鲁迅笔下的祥林嫂是一个可怜人，年纪轻轻就守了寡，后来嫁给第二任丈夫，生了儿子阿毛，好景不长，丈夫病死了，阿毛也被狼叼走了。她一遍遍地向人们诉说着自己悲惨的故事，直到惨死。生活中的一些人就好似祥林嫂一样，不停地讲着自己的遭遇，逢人便说，希望所有人都知道他的痛苦；希望别人都能同情他，帮助他。

可是，即使你将自己的苦难告诉了所有人，它也不会消失。反而听你诉说苦难的人起初还会同情你，时间长了就会感到厌倦。

有时间诉苦，还不如想办法解决问题，解决了就不必再去倾诉了。就算别人觉得你十分可怜，但是问题横在自己面前，别人不会为你承担一丝一毫。你不停地诉说只会向别人显示出你的无能，可能会得到一些廉价的安慰，但是对问题没有丝毫帮助。能诉说出来的苦，便不是苦，真正的苦是需要在心里自己消解的。

曾经在网易云热评上看到一句话："总有一天你会明白，你的委屈要自己消化，你的秘密不要逢人就讲；真正理解你的人没有几个，大多数人只会站在他们的立场，偷看你的笑话。你能做的就是，把秘密藏起来，然后一步步地长大。"大多时候，我们自认为伤及肺腑的疼痛，在别人眼中不过是随手蹭过的尘埃。

人生就要活得不卑不亢，遇到事情和难处，首先要思考如何解决，而不是只会埋怨和诉苦。

从来不诉苦的人，他们是无畏的勇士，苦难来了，他们便毫不犹豫地提枪上马，与之厮杀。不诉苦并不是抑制自我，而是一种看尽世间百态，不做无谓挣扎的智慧。

人生中遇到一些问题可以找别人诉说，但不能不停地诉苦。说多了，就难免会可怜自己，相信自己真的是一个可怜人。

那些四处诉苦、撕咬同情的人，他们身上带来的悲伤情绪，会让每一个靠近的人都感到压抑甚至是痛苦。

记得在一本书里看过一个故事。有一只猴子不小心受伤了，伤口不是特别严重，过不了多长时间就会痊愈。但是受伤的猴子每看到一只猴子就会扒开伤口给它看。于是还没等回到山洞，它就死掉了。反复扒开伤口之后，这只猴子因伤口不能很好地愈合，失血过多而亡。

所以说，受伤之后，不要随意扒开伤口给人看。每扒开一次伤口都会再痛一次，每痛一次都是伤害，一次次的伤害会使伤口更加难以愈合。成长的过程中会有很多不如意，生活中也会有很多苦难，但是我们都要默默忍受，独自消化。

诉苦可以暂时安放我们无助的心灵，但是它会让问题的性质更加恶劣。因为这种倾诉，会受其他人恶性情绪的感染，还会把思维带往消极的方向，消极的思维又会引出更多的消极情绪。要想活得漂亮，就一定要忍住诉苦的冲动。

不要去和他人诉苦，诉苦只能反映出你没有能力。因为如果你有能力，就可以解决困难，而不是一直容忍。既然改变不了，也不能轻易离去，那么就只能默默地接受现实。

人生没有过不去的坎，只有不放过自己的人。很多事情，只能由你一个人扛；很多苦难，也只有你一个人懂。

活得漂亮的人，都有一段沉默寡言的日子。那些时间里，为自己做了很多努力，忍受着孤独和寂寞，不抱怨不诉苦。我们每个人生来就是孤独的，既然不甘于诉苦，就只能独自走过那些荆棘坎坷。

因此，不要一下雨就马上向别人借伞。如果习惯了苦是人生常态，就会了解，每个人都有自己的兵荒马乱，但真正的勇士选择了默默承受，以微笑示人。愿沉默的人早日将心中的酸楚，酿成甜美的酒。

02 你羡慕的成功逆袭，
不过是别人对自己够狠的结果

人们总是在羡慕别人所拥有的美好春天，却又有谁曾看见他们身上融化的冰雪？常言道："不经历风雨，怎能见彩虹。"这一刻耀眼的成功，不知是多长时间顶风冒雨，踉跄前行的结果。你所羡慕的逆袭，不过是对自己够狠的结果罢了。

有些人总是习惯性地对自己宽容，一旦犯了错，很轻易地就原谅了自己。一遇到难事，就会逃避，从来不严格地要求自己；生活上稍微有些不如意，就怨天尤人。对别人的建议充耳不闻，从来不会审视自己的错误。如果对自己狠一点，再深的沟沟坎坎都会跨过，再苦的生活也都会好过。

生活中，大多数人习惯观察别人的人生，充当一个观望者的角色；他们大都习惯看到人家成功之后所拥有的，却不曾去细细体味人家遭过的罪。其实每一个逆袭者和我们的本质都是一样的，只是他们把自己的价值提高了，所以站了起来。他们和我们唯一不同的就是，他们比我们更狠，比我们更努力，对自己的要求更高，非常懂得如何精打细算自己的人生。

一个人在舒适区待得太久，对人生理想的追求便会消磨殆尽。千万不要陷入安逸的陷阱之中，没有危机才是最大的危机。它会吞噬你的追求和斗志，从而让你变得随意和怯懦。

董明珠刚刚进入格力的时候，只是一位业务员；令人气愤的是，上一任业务员留下了一笔债务。她在公司的安排下，每天都要去讨债，从那以后，那位债务人去哪儿，董明珠就跟到哪儿；最后对方同意用产品抵债，让她去拿货。可是，当她去拿货时，对方又不见了。经过董明珠和债务人公司员工的商讨，最终还是拿到了货物。

很多人不太理解，明明不是她的债务，为什么她还要那么执着。而董明珠说她是一个有原则的人，身为员工就要对企业负责；就是这股狠劲，让董明珠在以后的事业中蒸蒸日上，最终成为了董事长。

在这个弱肉强食的时代，如果不对自己狠一点，就一定会变成强者的垫脚石。对自己狠一点，是对自己的磨炼；在艰苦的历练中，人的耐心和意志力都会得到培养。很多人觉得自己很普通，并不是他们没有成为优秀者的天赋，而是他们已经掉进了安逸的陷阱之中，不停地给自己找借口，对自己太过仁慈。

　　这个世界并不欠任何人，每个人承受的东西都是一样的；不同的是，别人走出来了，而你只能困在里边羡慕别人的成功。每个人的成功逆袭，往往都是对自己够狠的结果。

　　你有多久没有全力以赴了？我希望你老的时候，能有一些故事说给子孙听。愿你不再得过且过，愿你努力拼一把，让这个世界听到你呐喊的声音！

03 所有登峰造极的成就，都源于近乎变态的自律

关于自律，很多人说得好听，但是要做到却很难。打算健身，可是跑步没几天就放弃了；想要早睡，还没过两天就又开始熬夜；想要多读一些书充实自己，可没翻几页就搁置了。当人沉溺在内心的舒适的时候，就会变得不思进取；这种状态的时间长了，就会让人感到迷茫。想要改变这种状态，我们就需要给自己制订一个明确的计划；能够坚持到最后的人，都会得到一份自己满意的成绩。

有着"自律大师"之称的柳传志，对自己十分严苛，这么多年参加过的大大小小的会议，迟到的次数不超过五次。相传柳传志有一次去参加企业交流会，因为大雨的关系，他所乘坐的飞机在半夜被迫降落。为了能够准时参加第二天的会议，他派人找来公务车连夜赶到了会场。第二天红着眼睛参加企业交流会的柳传志，让在场的企业家感动不已。

　　自律的人最明显的特征会通过对时间的控制体现出来。国学大师南怀瑾说："能控制早晨的人，方可控制人生。"古往今来，很少有早起要饭的乞丐。如果他能够把握住早晨，也就不会变成一个乞丐。当你在为生活而发愁的时候，有没有想过是不是因为你当时不够自律，将时间都浪费在没有价值的事情上，所以才会在机会来临的时候无能为力。

　　还记得有一位名叫沈华的96岁的老爷爷走红网络，坚持健身二十六年的他体格健壮，完全不像一个年近百岁的老人。他的作息时间非常规律，每天晚上不超过10点钟就睡觉，早上4点多钟就起床活动身体，每天下午去健身房报到。

　　70多岁的他第一次进健身房，总是受到各种嘲讽，很多人都以为他坚持不了多久，可现实中，很多来健身的年轻人只是匆匆的过客，他却用了二十多年的时间变成了为人所熟知的"肌肉爷爷"。

　　每个人在追求梦想的道路上都会遇到挑战和挫折。有的人可以咬牙坚持，有的人却选择中途退场。有时候，失败并不是因为能力不够，而是我们心中太过急躁，早早地就选择了放弃。而那些自律的人，每一次都会在看不到前路的情况下选择再往前多走两步。

　　不放弃是对面前梦想的向往，也是对背后汗水的回报。遇到困难能够坚持不懈、迎难而上的人，才会为自己的人生赢来更多选择的权利。

　　我们经常只看到别人耀眼的成就，却看不到他们身后如同自虐的自律。在别人眼中，一个自律的人的生活大多数是无趣的，每天重复地进行那些事情，活得一点都不潇洒和自由。但事实上，自律的人往往比不自律的人自由得多，当你面对生活手忙脚乱的时候，他依旧可以按部就班地生活、工作和学习。自由的本质不是放纵，也不是不作为，而是无论面对什么样的生活状况，都能闲庭信步。

　　对一个放飞自我的人，自律是一件很艰难的事，因为如果选择自律，就意味着选择和自己的天性做斗争。懒惰、贪吃等不良的生活习惯都将是你的敌人；自律的过程，就是控制自己的行为，抛弃不良的习惯，和自己内心的欲望做斗争的过程。但是这个过程是十分痛苦的，特别是在坚持了很久却看不到效果的时候。如果你能够坚持下来，那么你就会离自律越来越近。

　　号称日本"经营四圣"之一的松下幸之助说过："登峰造极的成就源于自律。"一个人的自律程度决定着他人生的高度。

　　在一个人的自律中，隐藏着无数的可能性。生活从来都不会天上掉馅饼，与其羡慕别人耀眼的成绩，不如让自己努力克服懒惰的习惯，严格要求自己，坚持不懈，不断提高自己的能力。只有这样，才能收获美好的未来。

　　真正能够登顶远眺的人，永远是那些严于律己、不断坚持前行的人。用自律换来的强大，凭努力得来的甘甜，都会为你创造一个属于自己的精彩人生。

04 所有信手拈来的东西，背后都有全力以赴做支撑

回家度假的时候，小外甥跟我抱怨这次期末考试考砸了，担心他妈妈教训他。他的圆嘟嘟的小脸上除了担忧还有疑惑，原来和他成天厮混在一起的隔壁家的孩子这一次考了班上第一名。小外甥感到奇怪，每天都在一起，学习和自己一样不用心，还很贪玩，为什么他的成绩可以这么好。

听完小外甥的话，我不禁哑然失笑，不由想起上学时候的同学们。想必每个人在上学的时候，都会遇到这样的同学，平时学习的时候也是马马虎虎，也和自己一块儿玩耍，可是每次考试人家都名列前茅；不仅将我们这种学渣远远甩在身后，而且还会彻底碾压那些平时看起来很用功的同学。久而久之，他们便成了大人口中"别人家的孩子"。

其实长大之后这些事情便已经明了，他们只不过是在默默地努力着罢了。经过一天的学习，你回到家之后是零食、饮

料、电视机，而别人回家之后却是数学、英语测试题。不要被别人表现出来的假象所迷惑，这个世界上，并没有很多天才，他们只是在别人看不到的地方默默地努力，在关键的时刻悄然绽放而已。

工作这么多年，遇见过各行各业成功的人，他们每一个无论取得的成就是大是小，都有着各自的道理；但是有一点是相同的，那就是在众人羡慕的背后，他们都付出了很多努力。

前几天在网上看到一篇关于一个名叫江梦南的姑娘的电视采访。她很漂亮，但让人惋惜的是，半岁的时候患上的肺炎，让她丧失了听力，而且听不到自己的声音，助听器也只能帮她掌握自己说话的音量。

听不见就不能开口说话？她偏偏不愿就此放弃。从很小的时候起，无数次的练习、纠正对她来说是家常便饭。为了能赶上同班同学的学习进度，在每一个学年开始，她都要先学习下一学年的课程。为了能够更早地适应社会，从中学的时候她就独自外出求学，每天早上不能迟到又没人提醒，她就将手机调成振动，一晚上都紧紧地攥在手里，不敢松开。

虽然有些事不是所有人都能做到，但是她要求自己必须做到。她身体的情况她自己很清楚，既然已经成为事实，与其埋怨命运的不公，不如尽自己最大的努力克服困难。

梅花的花语是坚贞不屈，她就像一株不惧寒冷的蜡梅，顶着风雪，含苞待放。

通过自己的努力，她不仅连续三年获得了大学本科的奖学金，而且在读研究生的时候，用英文发表的论文还被收录至国际权威数据库。为了更好地学习和研究，她考取了清华大学生命科学学院的博士研究生。

有些人在别人不看好他们的情况下，依旧坚持自己的信念，孤单前行。我们看到了他们获得的鲜花和掌声，却不知他们背后的坎坷与辛酸。他们从不抱怨命运的不公，而是选择勇敢地顶着风雨，激流勇进，默默地去战胜一切苦难。

对于每个人来说，人生不过是一个如人饮水，冷暖自知的过程，任何人都是局外人。在别人看不见的角落努力，才能在别人看得见的原野绽放。所有信手拈来的东西，背后都有全力以赴做支撑。

05 不能坚持，
无非是你舍不得让自己受苦

自从朋友圈被自律刷屏之后，很多朋友都准备加入这一行列。他们列出了自己的计划清单：减肥、健身、人鱼线等一个个耀眼的目标都出现在清单上。继续往下翻，看到了朋友小茹的一张合影，是在串吧畅饮的照片，下面还配了一句话："生活太苦，要对自己好一点。"

记得这是她这个月第三次减肥失败了。每次都嚷嚷着一定能坚持下去，没过几天就又开始犒劳自己。这样下去，很可能有越减越重的趋势。

有目标，并且为了目标不惧苦难，咬牙坚持的人，是幸福的，也是值得尊敬的。所以那些舍不得让自己吃苦又要达成目标的人，我很想问他们一句："凭什么？"

羡慕别人闪耀的光环，信誓旦旦地想要完成自己的梦想，却又不肯拿出决心和耐力，只是习惯性地安慰自己，间接性跨踌满志，持续性混吃等死。

你向下扎多深的根，吸收多少养分，决定了最后你究竟会是一株随风摇摆的小草，还是一棵遮风挡雨的参天大树。

2018 年，唐家三少的妻子因病去世，这是我第一次主动了解一个网络作家。他给人的第一印象就是高产，以极强的控制感过着密集而规律的生活，坚持每天更新 8000～10000 字，整整十二年，没有断更过，就像一个写作机器。在他的写作生涯中，一直有人在为"唐家三少何时断更"打赌。

曾经有一年，他敲坏了五个键盘，长时间的坐姿给他的身体带来了一些损伤，他尽量忍受并习惯这些痛苦，以确保日常生活在自己的可控范围之内。写作是一件枯燥的事情，他完全可以扔下键盘放弃，也不用承担什么后果，但是他这样说："我曾经一直认为我的成功是因为我的坚持，我觉得我比一般的作家能够坚持；能够写这么久，所以我成功了。"

他有一套严格执行的日程表，第一原则就是，一天最好的时间要留给写作。当天的上午 9 点半到 12 点，是他每天固定的写作时间，他从不在上午做其他事情，带上隔音耳机，每天更新雷打不动。"每 30 分钟休息 10 分钟，就像上四节课一样，中间休息三次。"

任何事情都不会打断他的更新。有一天他发了高烧，40.5 摄氏度，一个人躺在阁楼里，他感到寂寞、孤独，感觉自己仿佛随时都会离开这个世界，高烧让他产生了幻觉。但是退烧之后，他喝了杯水，又开始继续写《天珠变》。

他说自己的梦想是自己的书摆满身后两面墙的书柜。在他坚持不懈的努力下，这个梦想早早就实现了。他不可限量的成就，不仅仅是因为天赋，还有不辞辛苦，坚持到底的勇气。

所有为了得到一个好的结果而经历的苦难终将过去。在顶风冒雨的时候，你可能觉得这辈子都不会忘掉这些苦难；可是时间越久，心中的光影就越淡，最终会变成我们心中的馨香。

曾经在一本书上看到："如果没有穿越过漫漫黑暗，没有经历过痛彻心扉的过往，你永远不会明白看到星光时的喜悦，也自然不会懂得黎明的意义。"人生的道路很漫长，但是没有哪个人的道路是一路平坦的。既然人生道路是如此曲折、复杂，我们就应该忍受这些苦难，咬牙坚持，才能走到你想去的那个地方。

想要收获成功，就要放弃安逸。你今天的一切辛苦，必将成为你明天的回报。你的坚持，终将美好。

06 真正自律的人，
从不给自己找借口

一个朋友曾经说过，他最佩服两种人：一种是说戒烟就立刻不再碰的人，一种是冬天闹钟一响就马上起床的人。这两件事情是生活中最常见的诱惑，作为一个懒癌晚期患者，我深有体会。我会在每天早上闹钟响了之后，抬头看看表，倒头再睡一会儿；有的时候一头睡过去，醒来之后就发现上班要迟到了。

像一些人经常挂在嘴边的话，不吃饱了怎么减肥，这不过是对诱惑的妥协。久而久之就会变成明日复明日的结局，无论过去多长时间，依旧会是原来的体形。

经常找借口的人，不会让别人喜欢和支持。工作上自欺欺人，生活中自我安慰，不敢面对，只好不停地找借口。

康德说过："假如我们像动物一样，听从欲望，逃避痛苦，我们并不是真正的自由，因为我们成了欲望和冲动的奴隶。我们不是在选择，而是在服从。"世界的诱惑实在太多，很多生活混乱、心中烦躁的人，总是会用各种各样的借口来麻痹自己，在心中种下一个心魔。

借口是一个掩饰弱点的万能器，而且很多人宁愿把时间浪费在如何找一个合适的借口上，都不愿去完成目标或者解决困难。借口敷衍别人，同样也敷衍自己；它像是毒品，可以让人消极颓废，让你一而再，再而三地去接受它。慢慢地就会让你变得空虚、懒惰，遇到困难就会退缩，最后彻底失去执行力。

"股神"巴菲特说过："如果你在小事上没办法约束自己，你在大的事情上也不可能约束自己。"自律的人无论面对什么样的事情，都不会给自己找借口，因为他们知道，只有坚持不懈地努力，自己的生活才会有意义。只有自律到极致，才能在茫茫人海中脱颖而出。

我的领导以前身材臃肿，肥头大耳。为了减掉身上的赘肉，他给自己订了一个计划，每天早上5点钟起床跑步健身。起初，5点钟闹铃响的时候，他就会关掉，最后活生生地被推到平常的起床时间，这种日子持续了很久。

后来他咬紧牙关，几次痛苦挣扎着起床之后，每天跑得汗流浃背，越来越有冲劲。

就这样不到半年的时间，他减掉了15千克，据身边的朋友说，他直到现在还保持着早起锻炼的习惯。现在面对一些困难，他更容易去面对，因为他尝到了自律的甜头。

坚持的理由可能只有一个，但是放弃的理由却可以有一万个。真正自律的人，从不给自己找借口。自律的人往往有极强的时间观念，即使工作再忙，生活再累，一切也都可以有条不紊地进行。凡事预则立，不预则废。对时间进行规划，会出现意想不到的效果，它能让你在做事的时候避免像无头苍蝇一样乱撞；也可以安抚你内心的焦虑和急躁，从而变得耐心、专注。计划中的事情一件一件地完成，带来的满足感和成就感会使你忘记之前的痛苦。

当你开始正视自己的内心，并放手为之一搏的时候，你就会变得专注，从而去寻找突破的方法，并坚持下来。不要在意别人的眼光，那些能让人变得强大的过程都很煎熬，只有内心足够强大，你才有顽强的意志力做后盾，进而才能自我鼓励。

不必强迫自己去过别人眼中很艰苦的生活，找到适合自己并且能让自己变强的生活习惯，才是最重要的。每天进步一点点，就可以拨开乌云见到阳光。

07 每天拿出一小时，
创造你的奇迹

有人说："除了工作的八小时，睡觉的八小时外，剩下的八小时决定了我们人生更高的走向。"每天下班之后，每个人都有不同的选择，有的人在健身房挥汗如雨，有的人在逛街看剧聊八卦。很多时候，人与人之间的差距，就是在这种不知不觉中越拉越大。

胡适先生曾说过："一个人的前程，往往全靠他怎样去利用闲暇时间。闲暇定终生。"这句话在身边的朋友身上得到了验证。闲暇时候聚餐，她跟我抱怨，曾经一同加入公司的大学同学，现在的工资比她高出一大截，肯定是做过什么不为人知的事情。

有的人会有这样一种病，看着身边当初站在同一起跑线上的人，几年之后差距很大，心里就会很不舒服，然后给自己找诸多借口。

　　本来还打算安慰和鼓励她一下，不过了解具体情况之后，这才发现，很明显差距不是由她口中的情商或者后台产生的，而是源于她同学的努力拼搏。

　　下班之后，朋友会带着同事去逛街、吃饭、唱歌。但是她的同学在宿舍中背单词，练口语，不久之后便拿到了证书。直到现在，朋友的英文仍处在低级水平。

　　几年之后，在一次会议中，她的同学凭借一口流利的英文和对产品的深刻理解，征服了在座的每一个人。后来经过公司培养，成为分公司的经理。而朋友每天象征性地完成工作，几年之后，只是凭借着工作经验，升到了一个主管的职位。

　　一样的起跑线，对下班后时间的利用不同，就完完全全变成了两种人。你眼中羡慕的人，无非是在你打游戏的时候在坚持健身，在你看剧的时候在努力学习。但就是这样，他们便成为让你羡慕的人。

　　人生不会偏袒任何人，每个人的时间都是公平的；不过有的人可以把一天当两天来用，有的人给再多的时间也不够。

　　每天拿出一小时，去创造属于你的奇迹。不过从一开始，你先要学会抵制诱惑，拒绝懒惰，一板一眼地执行计划。

　　很多人可能都会有这样的经历，做好了每天的计划，运动、看书、学音乐，林林总总一系列目标。不过下班之后，感受着身体的酸痛、大脑的昏沉，又忍不住放弃。于是，又回归平常的生活，看剧，逛街，沉浸在舒适区中无限延长自己的计划。在温柔乡里轻易地交出时间，然后依旧原地踏步，还不忘自我安慰一下。

网上有句话叫最怕比你聪明的人还比你努力。即使有些人不一定比你天资聪颖，但是他们能把每天空闲出来的时间，用来提升自我和学习新的知识与技能。短时间内可能看不出差距，但是久而久之，差距就很明显地摆在了你的面前，而且这个差距还在被无限制地放大。

所以，我们要先改变曾经的坏习惯，重新开始。然后扪心自问，找到努力的方向，利用好闲暇时间进行学习。放弃没有太多必要的社交活动，用腾出来的时间执行自己的计划，延长自己的学习时间，努力向目标迈进。

茫茫世界只有一部分人能实现自己的梦想，大多数人都沉浸在对未来的渴望和叹息中。你与他们的距离其实并不遥远。利用好每天的时间，就会离他们越来越近。

在一往无前的同时，也要时刻回头看看自己身后的脚印，不忘初心，砥砺前行。

第八章

对热爱不遗余力，
所有美好都是因为坚持

有爱好是一件很幸运的事情，
因为它会让我们多一份专注力。
如果能将这个爱好坚持下去，
内心就会有一种溢于言表的成就感，
因为说不定以后的某一天，
我们就会到达自己想去的地方。

01 在你最感兴趣的事情上，
藏着人生的终极秘密

人们常说："兴趣，是一个人最好的老师。"在你最感兴趣的事物上，是你的潜意识在引导，那里有你的潜能。做你感兴趣的事，才能激发你的潜能，升华自身，直到实现心中的愿望为止。

在网上偶然看到这样一个故事：美国的一所中学在入学考试的时候出了这样一个题目，比尔·盖茨的办公室有五个带锁的抽屉，分别贴着财富、兴趣、幸福、荣誉、成功五个标签，但是比尔·盖茨总是只带一把钥匙，而把剩余的四把锁在抽屉里。请问比尔·盖茨带的是哪一把钥匙？

后来，有个学生写了封信向比尔·盖茨请教，而比尔·盖茨在回信中写了这样一句话："在你最感兴趣的事物中，隐藏着你人生的秘密。"

人生往往就是这样，有时候身边不自觉的小事，却会影响你的人生走向。大家小时候应该都会有这样的生活体验，看电视的时候，几十分钟的电视剧感觉过得很快；但是中间穿插的广告，哪怕只有三五分钟，也会觉得度日如年。

这是因为对感兴趣事物的渴望，会产生不满足的心理，也可以说是沉浸其中会让你忘了时间；与其相比，无聊的等待时间就会在意识中变得很长很长，这便是兴趣在作怪。

有的人对兴趣也会处在一片迷茫之中，不知道应该做什么。也许不论任何事情，你只有做得足够多，才会发现自己对什么感兴趣，知道自己想做什么，也就能够找到一件值得自己投入大量时间去做的事情。

笑笑是我认识的一个朋友，和她相约的那天，她拎着一个包，里面装着她最喜欢的几个娃娃，她是国内著名的娃娃收藏家。

她把娃娃摆在咖啡厅的小桌子上，用手指轻轻抚摸着娃娃的蕾丝裙边，给我讲起她小时候拥有第一个娃娃的事情。

从此，她对娃娃的深爱无可匹敌。她为了娃娃学习，父母经常用娃娃作为考试的奖励；她为了娃娃工作，大学毕业之后，工作收入的一大半用来买娃娃。之后，还因为娃娃获得了爱情。

面前这位优雅的城市白领，谈到娃娃的时候，脸上洋溢着天真的笑容。看着她为了娃娃投入了那么多金钱和精力，我不解地问道:"这个爱好,有什么用吗?"

她笑了:"不是所有的爱好都要有用,当然,你可以认为这是它的用处,我因为这个获得了快乐。看到漂亮的娃娃获得了审美的快乐;与娃娃交流得到了沟通的快乐;工作之余,打扮娃娃得到了放松的快乐……人总要找到一件自己喜欢的事作为认知、接触世界的方式吧!"

如今,她已经成为一名策划人,在相关报道中,她策划的第一场展览是关于娃娃的,那原本只是无心之举。

其实在很多人眼中,一个长期坚持的爱好一定要对成功有所帮助。我甚至曾扪心自问:"我喜欢的这些东西有什么用?只会浪费钱!"其实,不是所有的爱好都会有用,只要这份爱好能够给你带来快乐就够了。不影响正常的生活、学习秩序,有些无用的爱好有何不好?或许,在将来的某一天,它会令你与众不同,成为你兴高采烈地走向未知世界的动力。

伟大的物理学家爱因斯坦曾经说过:"我认为对于一切情况,只有热爱才是最好的老师。"确实,兴趣是一个人最好的老师,听从内心的召唤,才能激发自己的潜能。当一个人从事他喜欢的工作时,个人的潜力才能发挥到最大的程度,才有可能更快、更容易地获得成功。苹果的创始人乔布斯的成功源于他把个人爱好和天分恰当地糅合在了一起。他对电子行业的兴趣,不仅仅成就了自己,而且还创造了一个电子产品的新时代。

　　所以，从事令自己感兴趣的工作，工作本身就会为你提供满足感，你的职业生涯也不会枯燥无味。但是现实生活中，诱惑实在是太多了，于是很多人忘记了本质的东西，那就是自己到底喜欢什么。如果找不到兴趣的切入点，没有为此而努力的决心，最后就不会有结果。这是一个永恒不变的道理。

　　如果一个人一直在做自己喜欢的事情，即便开始不如想象中的那么顺利，但只要肯花时间去学习，全身心地投入进去，不断地努力，事情自然会越做越好。当他能把事情做到最好的时候，鲜花和掌声也就不会离自己太远了，这样的成功才能为他带来想要的快乐和幸福。

　　如果你想拥有与别人不一样的人生，当你面临人生道路的选择时，一定要拒绝做出内心不喜欢的选择。一个人的兴趣是催动他前进的燃料，成功的本质就是不断在热爱的领域一直前行，只有这样我们的潜力才会被不断挖掘。在你最感兴趣的事情上，隐藏着人生的终极秘密。

02 梦想的路上并不拥挤，
因为坚持的人真的不多

"世界上最快乐的事，莫过于为理想而奋斗。"这是苏格拉底说的一句经典名言。很多人梦想的开始只来自一瞬间；只是一瞬间的喜欢或者向往，还有一段很长的路要走。

追梦之路是一条艰难的路程，有的人走着走着就丢了；看着一望无际的戈壁，何时才能到达绿洲，不如原路返回。一个人的梦想不在于开始得早与晚，而在于对梦想坚持时间的长短。所有东西，心中起一个念头很容易，但需要一直坚持下去，才会知道追梦的路上那些东西是要学习的。成功的路上并不拥挤，因为坚持的人真的不多。

欧洲文艺复兴时期的著名画家达·芬奇，从小爱好绘画，很有天赋。在他14岁那年，父亲送他到意大利的名城佛罗伦萨，拜韦罗基奥为师。

韦罗基奥是一个很严格的老师，他给达·芬奇上的第一堂课就是画鸡蛋。刚开始的时候，达·芬奇画得很有兴致，可是之后第二节课和第三节课，老师还是让他画鸡蛋，这让达·芬奇想不明白，小小的鸡蛋有什么好画的。

有一次，达·芬奇向老师询问了这个问题。老师告诉他："鸡蛋虽然很普通，但是天下没有绝对一样的鸡蛋。即使用同一个鸡蛋，角度不同，投过来的光线不同，画出来也会不一样。因此，画鸡蛋是基本功。基本功要练到画笔能圆熟地遵从大脑的指挥，得心应手，才算是功夫到家。"达·芬奇听完老师说的话，很受启发。他每天都一丝不苟地画着鸡蛋。三年的时间过去了，达·芬奇画鸡蛋用的草纸已经堆得很高了。之后，达·芬奇用心学习素描，经过长时间勤奋艰苦的艺术实践，最后创作出许多不朽的名画。

梦想是一个长期坚持的过程，达·芬奇日复一日长达三年的重复，使他对绘画的理解更加深刻，才能为以后的创作打下扎实的基础。时间告诉我们，坚持不懈追求梦想的人，一直都在努力学习，一直都在不断地挑战自我，并且在追逐梦想的道路上收获颇丰。

反观现实中，不免有一些人，忍受不了其中的枯燥或者经受不住磨难，所以放弃便成了大部分人的选择。如果不坚持变成了大多数人的选择，到最后就只会有很少的人才能成功。

如果独行的道路上充满了艰辛，将你压得喘不过气来。你是继续负重前行，还是选择放弃？不遗余力排除万难，只有一心向着目标的人，才能到达终点。

等到达终点回头看时才发现，我们默默追寻的，并非辉煌，而是一种经历。人生不能半途而废，梦想也是如此，坚持不懈才是我们的态度。生活不会偏袒任何一个人，然而，我们对待生活的态度不同，我们选择的人生道路也将不同，取得的人生价值更会不同。只有付出，坚持到底，才会有收获。

人生需要坚持，那些让你锲而不舍的事情，会让你的人生变得多姿多彩。

林清玄的目标：
每天坚持写3000字

前一段时间，韩寒发表了一篇文章《我曾对那种力量一无所知》，讲述了民间高手与职业选手的区别。想必很多人都羡慕韩寒的才华横溢，却不知道他也是属于黑夜的孩子。他曾经爆料说自己每个星期的阅读量比正常大学生一个月的都要多。对于所有人来说，才华并不是先天条件。

一个人怎么样才能变得有才华？有人回答说："当爱好碰上坚持，就是才华。"作为当代散文八大家之一的林清玄不可谓没有才华，他被誉为台湾作家中最高产的一位，而且还是台湾获得各类文学奖最多的一位。

林清玄曾经在多个公开场合说过这样一段话："我一直坚持写作，希望能变成一个成功的作家，我知道想要实现自己的理想，一定要比别人更勤快。大学毕业后，每天写3000字的文章，但现在四十年过去了，我每天还写3000字的文章。"四十年如一日的写作，成就了林清玄的满腹才华。

写作就是一个从量变到质变的过程，如果没有一定的量做支撑的话，就无法完成质变，也就到不了梦想的彼岸。日本著名小说家村上春树写了几十年的小说，早晨起床之后，煮好咖啡，伏案工作四五个小时，一天能写十页原稿。爱好与坚持并行，成功就会在不远处等你。

如何找到心中最重要的事情？如何让自己变得有自信？在现实中，我们是幸运的，同样也是孤独的。我们发现所处的世界比心中所想要的宽广得多，但是却找不到属于自己的路。人与人之间相识相知的方法越来越多，但真正留在身边的却没有几个。

可是，即使没有选择也要咬着牙往前走；纵然前路迷茫，也不得回头。一个人迎接困难，体味孤独，心中一个小小的爱好却是前进路上的一丝曙光，坚持下去就会使得人生有不同的意义。

小李可能就是这样的人，从小学习成绩一直位于中游，不是那种调皮捣蛋让老师家长头疼的孩子，可是也没有出现过奇迹般地进入过年级前列或者班级前列的情况。学习生涯从一开始到结束都是平平淡淡，最后他按照自己父母的意愿，选择进入一所普通的大学。

可能之后的路会就此一直平淡下去，没想到在大学的时候他爱上了健身，四年坚持下来不仅自己的身材变得很好，还通过考试取得了很多证书，课余时间更是在一些健身房当起了健身教练。毕业之后的几年里，他自己租了一间房子，干起了私人教练。因为教课专业，待人热情，会员们效果显著，在健身圈逐渐有了好的名气和口碑。

一个人拥有让别人眼前一亮的才华，不一定要才高八斗，也不一定要七步成诗，或者多才多艺、全知全能。才华可以是专业性很强的能力，也可以是忙碌生活中的爱好。

爱因斯坦曾经说过："只要你有一件合理的事去做，你的生活就会显得特别美好。"生活中一丝丝的热情和坚持，都会帮我们战胜对生活的茫然，它可以让我们在接受人生中每一次挑战的时候依旧保持着向上的心态，在我们成功和失败的时候提供一个宣泄口。

如果你还没有发掘出自身的才华，不要减少对爱好的热情；一直坚持下去，你会发现，这同样会成为你的骄傲。

04 被嘲笑过的梦想，总有一天会让你闪闪发光

眼睛无意间扫到餐馆中的电视机，正在放周星驰的老电影。"人如果没有梦想，那和咸鱼又有什么区别？"周星驰《少林足球》中的这句台词想必大家都非常熟悉。

从呱呱坠地到日薄西山，人生的每个阶段我们都曾怀揣梦想。

记得小的时候，老师会问班上的同学长大以后想做什么。"我要当科学家！""我要当医生！""我要做老师！"各种回答不绝于耳。可是同样的问题，在我们学业生涯最后的象牙塔中，那是离我们曾经的梦想最近的地方，大家却突然变得沉默起来。

随着年龄的增长，就越会觉得，梦想是一个特别幼稚的字眼。从人生的某一阶段开始，我们变得不会再去谈论梦想，甚至不敢去想梦想。经历一番物是人非之后，我们的棱角被现实

磨平，变成了生活的奴隶，变成了为了生存四处奔波的咸鱼。

"那时我们有梦，关于文学，关于爱情，关于穿越世界的旅行。如今我们深夜饮酒，杯子碰到一起，都是梦破碎的声音。"北岛在《波兰来客》中写出了对梦想的憧憬，也写出了对生活的无奈。

怀揣梦想并为之努力是一件值得骄傲的事情。可是一路走来，也许会赢得鲜花和掌声，但是更多的却是白眼和讥讽。

梦想太过渺小，别人会嘲笑你没有追求；梦想过于远大，别人又会说你好高骛远。在很多时候，我们太过在意别人的看法，在提及梦想的时候，只能刻意逃避，不敢声张，把它默默地藏在心里。

在我们受到质疑的时候，我们也会开始怀疑自己，变得缩手缩脚，以至于很多闪耀着无数光点的梦想，都在如白驹过隙的时光中渐渐地熄灭。

我们很容易受到别人言论的影响，所以在人生的岔路上，只能跟在别人的后面，重复别人走过的路。一个人最大的问题就是常常按照别人的剧本来演绎自己的人生。

曾经在一本书上看到这样一个故事，主人公是一个特别听话的孩子，善良，待人和气，然而在填报大学志愿的时候，他和父亲产生了分歧。最后，他违抗了父亲的意愿，毅然决然地选择了美国一所大学的戏剧电影系。要知道在美国电影界，一个毫无背景的华人想混出头，太困难了。

年轻时候的他经历了长达六年的黑暗时期，是无尽的等待，大多数时候就是帮剧组做一些杂事。最让他感到痛苦的经历是，拿着一个剧本，两个多星期跑了很多家公司，一次次面对别人的冷漠和嘲讽。

出于心中的愧疚，他每天除了看书、写剧本之外，还包揽了所有的家务。有时候，还要面对周围人的指指点点，冷嘲热讽。

这样的生活对于一个男人来说，是很伤自尊心的。曾经有一次，岳母决定出一笔钱，让他去开一个餐馆，也算是养家糊口，但是被他妻子拒绝了。他知道这件事情之后，终于下定了决心，打算面对现实。

但是妻子的一段话，改变了他的一生："不拍电影，你就是一个死人。"

从那一刻起，他的心里突然卷起了一阵风，那些随着时间逐渐消失在生活中的梦想，就像早上的阳光，射进了心底。

后来，他的剧本得到了基金会的支持，他开始自己拿起了摄像机。再后来，他的一些电影开始获得国际奖项。

这个人就是李安，电影史上第一位同时获得奥斯卡奖、英国电影学院奖及金球奖"最佳导演"的华人导演。

耐得住寂寞，才能守得住繁华。一颗永远不放弃的心，比任何东西都珍贵；从此没有无法达成的目标，没有遥不可及的梦想。如果你坚持不懈，别人的冷嘲热讽就不能成为你实现梦想的绊脚石；相反，会成为你前进路上的动力。

世界的舞台如此之大，我们每个人演的并不是独角戏，每个人都有他存在的意义。我们在意别人对我们的嘲笑，却没有想到嘲笑背后的意义。他们嘲笑的不是梦想，而是去实现梦想的实力。实力与梦想之间是有一些距离，正因为如此，这个梦想才有实现的必要。

永远不要因为别人的嘲笑而怀疑自己，也不要因为别人的轻视而看低自己。别人的嘲笑汇不进你生命的乐章，你的努力终将以你最期待的方式给予你回报。

不问前程吉凶，但求落幕无悔。不要惧怕嘲讽，只要坚定信念，一步一个脚印，稳稳地向着目标前进，哪怕每天只是前进一点点。千万不要放弃，因为那些微小的进步里透着成功慢慢向你靠近的一丝曙光。

你要知道，没有一份成功不是浸透着无人知晓的痛苦，没有一份成功不是迎着他人的冷嘲热讽。只要你咬牙坚持，那些遭人嘲笑的梦想，早晚会让你闪闪发光。

05 每天坚持读书，
是一种怎样的体验？

在很多篇文章中都见过，大多数成功人士的日常计划中都会有读书这一项，但是平常人很难做到这一点。读书可以开阔一个人的眼界，提高一个人的品性。老话说："读万卷书不如行万里路。"在当今快节奏的时代，对于大多数人来说，行万里路根本不现实，但是读万卷书还是有可能的。

读书是一个日积月累的过程，单凭简单的几本书就想一飞冲天，那是不太现实的。武侠世界里，得到一本武功秘籍便可笑傲江湖的事情是不会发生的。那种偶尔随意翻阅一下两本书，打发无聊时间的，得不到什么营养；那种为了掌握某一项技能，突击几天时间读完十几本书，太过功利，消化不了。所以好的读书习惯应该是有选择性，贵在坚持。不要着急，每天坚持一点点，就会获益良多。

莎士比亚说："生活里没有了书籍，就像没有了阳光；智慧里没有了书籍，就像鸟儿折断了翅膀。"读书就好像是幼小的生命沐浴阳光，再次成长的一个过程。由浅薄变得深邃，由自私变得宽厚，由浮躁变得沉稳，由自负变得谦逊。读书可以改变一个人的气质，但不会是立竿见影的效果，而是在长期的阅读中沉淀，经年累月，不断吸收书本中的知识，开阔眼界。在不知不觉中，丰富的知识孕育出至臻至纯的情感，洗涤了心灵，成就一种高雅的气质：眼神更加清澈明亮，脸庞更加温柔，举止更加优雅。

前段时间在外地出差，与多年的老友在车站相逢，看到她的那一刻，她正坐在长椅上安静地看着一本书。外界的混乱、嘈杂似乎被隔绝在身体之外，她沉浸在自己的世界里，一丝不苟。

久别重逢，听到有人打招呼，她抬头看见了我，一脸惊喜地笑了笑。看着她脸上的笑容，好像和以前不太一样了。

朋友的工作一直很忙，大学毕业开始创业之后更是忙得不可开交。虽然事业有成，但是长期繁重工作的积压导致她的身体吃不消了，不得不放下手中的工作，入院接受治疗。

一向雷厉风行的她突然悠闲下来，一下子适应不了，每天都很焦虑，甚至经常抱头痛哭。有一次去看望她时，我给了她一些关于读书的建议。

几天之后，她终于静下心来，而且从此沉迷其中，不能自拔。朋友的治疗效果还不错，不久之后便出院了。

"上学的时候天天想着出去玩；参加工作之后，每天想的都是工作，根本没时间和心思去读书。虽然生了一场大病，但养成这个习惯，也算是一种收获吧。在出院的这一段时间，我觉得自己改变了好多，我曾经脾气不好，性子急躁，点火就着，现在不怎么爱生气了。"

在刚见到她的时候，就发现曾经风风火火的小姑娘突然变得柔情似水了。虽然脸色还是有点苍白，但是气色很好。

其实，我对她的变化并不是太震惊，因为读书会在潜移默化中慢慢改变一个人的气质和性情。严歌苓曾经说过："一个人把书读进去，让书伴随自己成长，此时再审视世界，关照自己，所获得的世界观、人生观是完全不同的。"

读书也可以开阔一个人的眼界和思维，人们往往会羡慕那些在朋友圈晒大江南北照片的朋友，感慨自己身处牢笼，身不由己。坚持读书和不读书的区别就在于，身体同样受制于地域，但是读万卷书就好比给灵魂插上了翅膀，从欣赏哈尔滨的冰雕到感受海南的热带风情只需一瞬。

同样，读书也可以优化一个人的思维方式。在读书之前，我们的思维方式是一成不变的，对身边事物的判断只能以我们之前固有的经验和阅历来进行。而在读书之后，我们能够通过书籍了解其他人的看法，一本书中能够汇集很多人的各种各样的想法。随着阅读量的增加，收获的观点也会变多，接触的想法也会变多。这样，过不了多久，你就会尝试用不同的思维去思考和解决问题，你也会慢慢对自己有一个定位。面对一个问题，就有可能会产生很多想法。当你独自面对一件事情的时候，你会有自己的看法，也会慢慢思考。不同的思维方式，会让你的生活更加得心应手。

网上曾经流传着一个关于有没有文化的区别的段子。看到家里柿子树上裹着一层白霜的柿子白里透红，有文化的人就会说："沙田似雪耘枯冢，柿子如丹缀土城。"而没有文化的人却只会说："这丁零当啷的真好看。"当然这是用一种夸张的手法来把两者做对比，不过读书的确会提升一个人的修养和内在，在任何场合，都有深厚的底蕴支持你侃侃而谈。

对于读书的意义，知乎上最好的回答是"当我还是个孩子时，我吃过很多食物，现在已经记不起来吃过什么了。但可以肯定的是，它们中的一部分已经长成我的骨头和肉。"正是你读过的书，走过的路，爱过的人，成就了现在的你。

06 不断重复地积累，
才能突破

作家格拉德威尔在《异类》一书中指出这样一个定律："人们眼中的天才之所以卓越非凡，并非天资超人一等，而是付出了持续不断的努力。一万小时的锤炼是任何人从平凡变成世界级大师的必要条件。"他把它称为"一万小时定律"。

一开始听说这个定律的时候，觉得好神奇，但等我把这一万小时换算到日常，内心里剩下的就只有敬畏了。一万小时，按每天工作八小时，一周五天；要想成为一个领域的专家至少需要五年。如果按每天三个小时算，则需要风雨无阻地持续工作十年！

特别喜欢建立了法兰西帝国的拿破仑，从一本书上见识到了最为经典的滑铁卢战役，以至于翻阅各种资料来了解他的生平。

感慨他一生42战40胜的恢宏战绩；震惊于他三天召集

70万大军的演讲力和影响力；惋惜他如戏剧一般的人生，像个悲剧。

谈起拿破仑，人们往往会想到他惊艳世人的军事能力，不过任何能力都不是与生俱来的，都是靠着后天的积累，一步步完成对自身的突破。

"即使在我完成了工作，无事可做的时候，我始终隐约感到时间在飞逝，我不能让任何一点时间白白流过。"他后来这样回忆道。

拿破仑性格不太好，所以身边的朋友不多，常年一个人生活在孤独之中，久而久之，他有些心灰意冷。不过他被自己内心的渴望、过人的天赋和对未知事物的好奇心所拯救。之后的几年中，他不仅继续不断地阅读，读书摘要和心得写满了一个又一个记事本，而且在之后的日子里还要将它们付诸行动。

在五年的时间里，他废寝忘食地博览群书，写出了无数的文章，包括有关大炮改进的详细建议和减少日常运输工作中消耗的建议。

就这样，当其他同校的军官在休闲场所或者军团驻地肆意玩乐时，他却在挑灯夜读，甚至他屋子里的灯光似乎从来没有熄灭过，同时他第二天仍然可以保持充沛的精力。他对知识的渴望真是沟壑难填。

天才是如何诞生的？他只用了十年时间就掌握了别人二十

年、三十年都不可能掌握的知识。此后拿破仑所取得的成就，与青年时期所掌握的大量知识密不可分；可以说，没有之前十年的知识积累，就没有他后来的一鸣惊人。

在哈佛大学，学生们有一种共识："每天都有点滴的进步，不仅能让自己的内在潜能得以充分的发挥，也能积累成功的资本。"现实生活中，每个人都有梦想，都有对成功的渴望，然而，志向远大但自身气力不济会是我们最大的阻碍。很多人只是看到别人成功时的意气风发，往往会忽略了他们在此之前所付出的艰苦努力。人生没有唾手可得的成功，所有人只有通过不断地积累，不断地努力，才能凝聚跳跃龙门的爆发力。

有这样一个故事，一位年轻的画家去拜访一位知名的老画家，问道："前辈，为什么我用一天时间画出来的画，卖掉它却花了整整一年的时间？"

老画家笑着回答说："请你将两件事倒过来试试，你去花费一年的时间画一幅画，也许一天就能卖掉。"

很多人内心浮躁，平时不重视知识的积累，小事看不上，一味坐等机会到来。然而真正遇到大事的时候，却又无从下手，一败涂地。无论是改变人生的大成功，还是身边稀松平常的小成就，都需要不断努力，不断积累才能得到。只有重视一点一滴的积累，等到自身的贮藏达到饱和的时候，才会发生质变，达到新的境界。

工匠精神将这一观点发挥到了极致。日本"秋山木工"的定制家具常见于日本宫内厅、迎宾馆、国会议事堂等重要场合，其质量由此可见一斑。秋山木工对学徒的要求极为苛刻，为此而制定了一套长达八年的培养制度。培养学徒正确的生活态度、知识与技术等，如今他的弟子中已经有五十多人成了日本著名的工匠。

秋山学校见习时间一年，学徒时间四年，工匠时间三年。八年的时光里，学徒自身的技术和心性不断得到磨炼，在以后的道路上会走得更加从容。当他们具备了一名合格工匠的全部素质，便达到了出师的要求。

所有优质的产品，必然出自一流工匠之手。所谓一流工匠，无不是凭借几十年如一日的重复磨炼，积累经验，将手中的产品做到艺术顶峰的人。你可曾见过初出茅庐便被称为大师的人？所谓"合抱之木，生于毫末；九层之台，起于累土"，便是这个道理。

我们都是普通人，没有开天辟地的本事，更不能永远保持着第一。但是只要我们每天都努力一点点，不断积累，就会离成功不再遥远。滴水石穿，厚积薄发，我们终将遇见那个蜕变后的自己。

第九章

不慌不忙地前行，
终会活成自己喜欢的样子

成长是一个过程，
这个过程是生命最大的犒赏，值得我们去尝试。
别跳过这最有意义的阶段，
而想着不付出什么就能收获。
在经历挫折与打击后，
我们才能更加体会到生命的真谛。

01 人生不是短跑冲刺，
而是一场耐心的拉力赛

还记得曾经和几个朋友相约去爬山，这项活动在我人生的计划中躺了大概有几年的时间，之前苦于没有时间，对此神往已久。

于是三只菜鸟情绪高涨，野心勃勃地打算征服面前的这一座高山，甚至还互相打赌，最后到达山顶的人要请客吃饭。怀着初生牛犊不怕虎的精神，三人脚下虎虎生风，心中暗自较劲。可是没过多久，就有些体力吃不消的感觉，上气不接下气，路程还不到整座山的三分之一。原本冲在最前面的朋友，像一摊烂泥躺在了地上。

附近一位驻足歇息的大哥劝我们还是坐车上山吧，不然按照这种进度，天黑之前能到山顶就不错了。

听到这些话，我心中盘算了一下，见两位刚刚还豪气冲天的朋友都有打退堂鼓的意思，于是三人一致决定坐车上山。

上山的途中，开车的司机和朋友闲聊，他笑着告诉我们从一开始，便能看出我们三人肯定会用车的。因为起步的时候走得太快，这明显就是用力过猛的表现，如此下去体力必然很快就会消耗殆尽，对意志力也是极大的磨损。

登山就像追逐梦想的过程，太急于接近目标，急功近利，用力过猛，反而会无法持续，失去耐心；只有循序渐进，才能一步一步靠近最初的梦想。欲速则不达，太过急于求成，渴望尽早见到结果的人，最终都不会如愿以偿。

高晓松在参加一档节目的时候感慨道："现在是一个用力过猛的时代。"确实，一些人为了得奖，为了出名，开始无底线地进行表演，哗众取宠；为了博人眼球，再重口味的事都不在话下。

于是操之过急的弊端，就在用力过猛后，赤裸裸地暴露在所有人的面前，到最后适得其反，好事也会变成坏事。

网上有句话说："间接性踌躇满志，持续性混吃等死。"这种情况发生的根本原因就是在开始的时候，过于急于求成，将后劲和本来的热情消耗殆尽，导致无法持续下去。

弦绷得太紧，迟早会断掉。对目标越是渴望，越不能急躁；胡乱地用力过猛，反而会导致计划的失败。无论做什么事都讲究一个过程，揠苗助长只会死得更快。一朵花开放，一粒种子破土，一颗果子成熟，所有生命的成长都是这样，成功亦是如此。

任何时候的急于求成、用力过猛，只不过是感动自己，于结果无益。

就像作家弗朗茨·卡夫卡在《城堡》中所写的那样："努力想要得到什么东西，其实只要沉着镇静、实事求是，就可以轻易地、神不知鬼不觉地达到目的。而如果过于使劲，闹得太凶，太幼稚，太没有经验，就哭啊、抓啊、拉啊，像一个小孩子扯桌布，结果却是一无所获，只不过把桌子上的好东西都扯在地上，永远也得不到了。"

参加过或者见过马拉松比赛的人肯定都了解比赛进行的情况，那些刚开始跑得最快的人往往不是第一个到达终点的，甚至还有可能中途放弃比赛。

而能够在马拉松比赛中进行最后角逐，得到冠军的人，往往是在比赛开始后，藏在人群中，持续不断前进的人。

人生本来就是一个缓慢的过程，一个人的心性、头脑都是需要慢慢积累的。不论是成长还是成熟都不要着急。从开始到结束，每一步的发展都是有顺序的，而且任何美好的东西都是需要沉淀的。烟花再美，也不过是一瞬间，开始即是结束。

所以，人生不要操之过急，慢慢来有时候反而可以很快。

02 哪有什么一夜成名，
所有的高手都是百炼成钢

我们总是羡慕那些一夜成名、站在镁光灯下一呼百应的人，然而有谁的成功是唾手可得的？

刘谦凭借 2009 年春晚的一个近景魔术一夜成名，在此之前，他虽然获得多项大奖，但一直不温不火。春晚后，各大卫视邀请他教魔术，于是 2009 年全国兴起魔术热，而刘谦也多次斩获世界魔术大奖。

他看似一夜成名，从一个默默无闻的人物瞬间红到发紫，看起来运气指数真是好到爆表。但他的成名靠的仅仅是运气吗？

其实所谓的运气，不过是他们比普通人更努力，更拼命。

我们总是习惯于拿自己的运气跟别人的努力做比较，如果单凭运气就能坐拥名利，那努力这个词早就在励志的词典里销声匿迹了。

北京电影学院的老师崔新琴聊起她的学生赵薇和黄晓明的成名经历，一直在强调：他们不是一夜成名，他们是日积月累了很久才成名的。

虽然这个时代，一切皆有可能，但是，这些"可能"也只会留给做足准备的人，而不是留给白日做梦的人。也许，真的会有通过偶然机遇很快成名成功的人，而他们又能走多远呢？看看那些快销明星，用不了多久，就会从大家的视野中消失。经久不衰的，都是那些经过磨炼，掌握真本事的人。

"两句三年得，一吟双泪流。"信手拈来的诗句里，蕴含的是多年的苦思。"台上三分钟，台下十年功。"歌手一曲成名的背后，凝结的是多年的苦练。"三更灯火五更鸡，正是男儿读书时。"学子金榜题名的背后，铭刻的是多年的苦读。成功从来不是简单的偶然，而是成功者历尽千辛万苦寻觅过程中的一个灵感、一个反思、一次实验。

风靡全球的小说《哈利·波特》的作者罗琳，从小喜欢写作和讲故事，6岁就写了一篇跟兔子有关的故事。创作的动力和欲望，从此没有离开过她，那时她梦想将来能成为一个大作家。

罗琳毕业后，经历了短暂的婚姻，她变成了一个单亲妈妈，带着三个月大的女儿栖身于一间寒冷无比的小公寓。找不到工作的她，只好靠着微薄的失业救济金养活自己和女儿。

有一段时间，她疯狂地写作，写自己的遭遇，写人间百态，写自己的所见所想，凡是她能想到的，她都写了。她希望多发表文章，以此改善生活；希望自己能像那些成名的作家一样，随便写点文字，大笔稿费就自动送到家了。但现实很残酷，一年间她仅发表了七篇文章，其中三篇没有稿费，只给了她几本刊物。

没有人知道她当时的郁闷，也没有人知道她的颓废，她觉得自己快要活不下去了。生活实在太窘迫。她原本是一个爱美的女子，正值青春，她渴望穿时尚华丽的衣服，喜欢把自己打扮得漂漂亮亮的，可每当幼时那些斑斓芬芳的梦想再次涌现时，她都会难过得哭泣。

罗琳开始创作《哈利·波特》的时候，为了节省家里的暖气费，她总是待在小咖啡馆里写作。由于没钱买稿纸，她只能把故事写在捡来的小纸片上。尽管写作很辛苦，但她没有退缩，因为她不甘心领取救济金，她相信自己的能力；即使经历了伤害和磨难，她也要靠自己的双手吃饭。

小说完成后，她把它寄给了几家出版社，但没有一家出版社愿意接受。那时的她没有钱自费出版。后来，一家濒临倒闭的小出版社冒险出版了这部小说。谁也没有想到，不久，她的小说长期占据了世界畅销书榜首的位置。

有些人觉得，《哈利·波特》仿佛一夜之间就火遍全球；而它的创作过程，又有几个人去用心体会其中的艰辛呢？正是罗琳几十年如一日的坚持写作，才创作了这部巨作。

我们不能想着短期内就能做出什么让人钦佩的事情。比如期末考试，很多同学临时抱佛脚，通宵达旦地学习，靠着短期记忆背会考试的要点。考试下来了，成绩好像还不错。但是，等到真正的大考来临，几年的知识，你能在一夜之间都学会吗？到时候还是考砸。这时候，大家就会说，其实你只是一个靠突击的人，没有真的实力。

成长是一个过程，这个过程是生命最大的犒赏，值得我们去尝试。别跳过这最有意义的阶段，而想着不付出什么就能有收获。在经历挫折与打击后，我们才更能体会到生命的真谛。

03 所谓捷径，
不过是踏实走好每一步

最近看到一篇文章，大概意思就是如何拥有像某个女明星一样躺赢的人生。姑且不谈她的人生到底如何，因为外人只能看到别人光鲜亮丽的一面，任何人的人生都不是一帆风顺的，百味掺杂其中。

世界上哪有什么捷径，唯一的捷径就是踏实地走好每一步。每个人都知道时间紧迫，因为时间紧迫而去寻找捷径，找来找去发现根本没有所谓的捷径，反而浪费了自己的时间，无奈之下只能选择放弃。周而复始，我们便发现自己并不是不努力，而是没有塌下心来做好一件事情。

记得读书的时候，老师讲过一个故事：在世界登山史上，有一位单人登山者，身上不携带任何氧气装备，却登上了世界最高峰珠穆朗玛峰，而且累计登上过十四座海拔八千米的高峰。

在海拔如此之高的地区，因空气稀薄而窒息是绝大多数人的噩梦，所以很多人都认为他的登山之旅十分危险，一不留神就会坠入死亡的深渊。可是，他却真的没有凭借任何设备，便把那些危机四伏、高深莫测的世界高峰轻松踩在了脚下。他就是有"登山皇帝"之称的梅斯纳尔。

对此，很多人向他请教成功的秘籍，他告诉人们：从登山开始，大部分的登山者在选定目标后，都会选择乘坐直升机抵达山前最合适的位置，这样做是为了保存体力。但是，这种做法却不利于身体对环境的适应，在方便快速的同时，也失去了身体与环境慢慢磨合的机会。而他选择从一开始就徒步上山，便是为了在此期间不断调整身体，让身体慢慢适应周围空气的密度。

选择了从最低处，一步一步走到大本营，正是他独特的智慧和经验。人生也是如此，在这个世界上没有任何事情有捷径可走，必须靠自己脚踏实地。看似毫不费力地完成了当前的事情，实际上却是给后面的路添加了更大的困难，就像那些乘坐直升机想要到达山顶的人一样，终究是征服不了高峰的。

很多时候我们都渴望功成名就，但是不愿付出太多的努力。这种想法无疑是无知的。所谓的捷径只会浪费更多的时间和精力，还会让人走更多的弯路。

周末晚上看的美国励志治愈系电影《当幸福来敲门》，讲述了克里斯·加德纳和儿子因为贫困失去了自己的住所，每天东奔西跑，流离失所。他一边卖着医疗仪器，一边做实习生，后来还必须去教堂排队，争取得到教堂救济的住房。因为极度的贫穷，他甚至有卖血的经历。

虽然生活很艰苦，但他一直很乐观，并且教育儿子，不要灰心。功夫不负有心人，他还是凭借自己的踏实努力，脱颖而出，获得了股票经纪人的工作，后来还创办了自己的公司，终于等到了幸福来敲门。

就像电影里说的："打多少电话就意味着有多少机会，有多少机会就意味着有多少客户，有多少客户就意味着有多少钱。"踏实做人、踏实做事，才是通往幸福的唯一捷径。

人生从来就没有信手拈来的好事，想要的东西都需要自己去争取，任何人都不能免于奋斗，纵使家财万贯也要有继承的本事。那些一步登天的故事里的人都住在城堡里，你不是灰姑娘，也没有南瓜车和水晶鞋。

李大钊先生曾说过："凡事都要脚踏实地去做，不驰于空想，不骛于虚声，而唯以求真的态度作踏实的功夫。以此态度求学，则真理可明；以此态度做事，则功业可就。"

对于这件事，生活与学习是一个道理。那些想找捷径的人，到最后没有找到捷径；那些想找方法的人，到最后也没有找到方法。他们没有在工作、学习中努力下功夫，而是做了一件让自己心里满足却毫无意义的事：寻找。

内心慢一点，脚上会更快。人生没有捷径，唯一的捷径就是脚踏实地地越过高山，跨过沟壑，那些得到的才是你的。如果心里总是想着找到捷径，可能在通往成功的道路上浪费的时间会更多，而且对你来说没有任何帮助。等到到达目的地的时候，也许你会早早地在那里等候：但是能在那里坚持下去的，一定是经过生活磨炼的人。寻找捷径只会让你离目标越发遥不可及。

生活从来不会偏袒任何一个人，那些真正脚踏实地、奋勇拼搏的人，是不会被辜负的。所以人生根本没有捷径可言，如果有，唯一的捷径就是脚踏实地地去努力，去奋斗。

04 不攀比不羡慕，
按照自己的节奏努力

在印象中，似乎每个孩子的童年都有一个"别人家的孩子"，他懂事、听话、学习又好，似乎无所不能。每次犯错误甚至平常生活中，家长便会拿这个别人家的孩子和自己家的孩子做比较，比较成绩、能力以及获得奖状的多少。长大之后又开始比较学历、薪资和待遇，这个人仿佛就是人生中的一个噩梦。在家长长此以往日常比较的影响下，久而久之，孩子也可能会养成这种攀比的陋习。

如果攀比成了一种习惯，心中自然不会快乐。因为站在世界之巅的只有一个人，别人拥有的而自己没有，于是就努力争取拥有。拥有了之后发现别人又上了新的台阶，心中更是烦恼倍增。当人们追求的不是自己的幸福，而是比别人更幸福的话，那生活就会在紧张、焦虑等情绪中徘徊。

如果每天都去和别人比较的话，那一段时间之后你就会发现，自己的生活根本就不是自己的，而是别人的。你根本没有想过你拥有这些东西之后是真的快乐，还是只是暂时获得一种虚荣的满足感。每天都在拼命地证明自己，追逐着别人的脚步，内心永远充斥着焦虑和不安。享受生活对你来说便是奢望。

攀比心理很容易令人走偏，就像同学聚会一样，混得好的同学没有主动理你，你会觉得人家清高；混得不好的同学上前主动说话，你觉得人家是巴结。往往具有攀比心理的人，会让发生在别人身上的事，影响到自己的心情，何苦呢？

我们总是在和别人比较，眼睛不由自主地就会向上看，去用仰视的姿态对比。所以我们看到的往往是别人幸福的一面；而别人背后的伤痛，我们始终都不会看到。

孔子有一个弟子叫颜回，深受孔子的喜爱。有一次孔子对学生们说："贤哉，回也！一箪食，一瓢饮，在陋巷，人不堪其忧，回也不改其乐。贤哉，回也！"意思是说颜回是个真贤者，住在偏僻的小巷子，过着极其艰苦的生活。如果这件事落在别人头上，肯定是不堪其辱，但是颜回始终感觉到满足和快乐。不羡慕，不攀比，才能悠然自得。

不要攀比，比来比去比不过别人，反倒伤了自己。肤浅的羡慕，无趣的攀比，拙劣的效仿，只会让自己整天站在别人的阴影里。一味地羡慕和攀比，不会带来快乐，只能徒增烦恼；

不会带来幸福，只会带来痛苦。我们应该找到自己的位置，走属于自己的道路。

眼红别人没有任何用处，因为羡慕偶尔说几句风凉话，反而只会显示出自己的无能和懦弱。做人应该不卑不亢，时刻告诉自己，生活不是一场和他人的比赛。如果你真的需要对手，那个人也应该是你自己。

世界上没有完全相同的两个人，同样也没有完全相同的人生。每个人都有自己的长处，天赋和以后的遭遇都因人而异。每个人都有自己的生存之道和生活方式，每个人的幸福也不尽相同。自己的衣服只有自己穿才是最合适的，复制的人生毫无意义。

不攀比，不羡慕，按照自己的节奏努力，才是最聪明的人。

05 真正努力的人，
从来不焦虑

很多人的焦虑，其实并不是来源于没有努力，而是来源于一颗想要努力但又太过着急的心。老话说："一口吃不成个胖子。"所有的努力并不都是立竿见影的。

我每天总是会翻一下朋友圈，看一下朋友最近的情况，我发现很多朋友的朋友圈更新时间都是在凌晨，有的在加班，有的在上课。

说实话，每次看到了身边的朋友都在拼了命地努力，我会不由自主地产生一种深深的焦虑感。因为网上有一句话说："就怕比你聪明的人比你还要努力。"

可是反过来想想自己的生活习惯，发现我似乎并没有浪费太多的时间。每天早上7点钟起床，晚上12点睡觉。我也曾试着6点钟或者5点钟起床，然后利用这些时间学习，充实一下自己。不过这样反倒打乱了我的生物钟，不仅白天无精打采，晚上在书桌前也是哈欠连连，根本无法集中精神做事。

后来我便放弃了这种想法，我决定还是回归到自己的生活节奏上去努力。我十分清楚地知道，自己的努力极限并不在时间上，而在思维方式上。我不能盲目地用战术上的努力去改变战略上的错误。只要找对了方法，一切便会慢慢地水到渠成。

每次和身边的朋友一起聚会，有些人总是会表现得很焦虑，其实他已经很努力了，只不过他总是在拿自己努力的程度和力度去和别人的比较，但这样显然毫无可比性。我总是劝他，只要明确地知道自己方向在哪里，一步一个脚印，终将会攀登到山顶，俯视山下的风景。

前些日子遇到一个女性朋友，坐在一起聊了一会儿，我很诧异她居然和男朋友分手了，她告诉我因为生活过得很安逸，身体便走了形，所以决定从今天开始减肥。

她每天早上跑五千米，刚开始还信心十足，觉得一定会快速地变回曾经的小仙女。可是刚坚持了三天，她就突然告诉我，她看不到希望，决定放弃了。

我很疑惑，问她为什么不继续跑下去。她无奈地说："你看我跑了这么久，身上的赘肉一点也没有少。"

我告诉她，如果你继续坚持下去，一定会有效果的。问题是这件事情你仅仅做了三天，没有见到自己预期的效果，就打算放弃了。无论做什么事，都需要付出长久的努力。这个世界上不会有一步登天，不过就是日复一日的厚积薄发。

后来她咬牙坚持了三个月，得到了自己满意的效果；不仅瘦了好几斤，身体的抵抗力也比之前强多了。

其实很多人都是如此，每当努力地做一件事情的时候，迟迟看不到结果，总是会怀疑自己的方法不对。努力的方向是对的，就是太急于求成，总是半途而废。

成功和失败，有的时候只是一线之隔。你眼中的人看似比你厉害很多，其实不外乎他们比你坚持得更久一些，比你的耐心更多一些。

哈伯特有一句名言："对于一只盲目航行的船来说，所有的风都是逆风。"如果你的目的地是港口，请不要留恋小岛的惬意；如果你选择留下，那么你将失去你的船。

其实身边有很多朋友，他们都很努力，但就是没有耐心，很难定下心专注地做好一件事。而是囫囵吞枣地去做很多事，来得到自我的心理安慰，缓解周围环境所带来的压力。

我认为努力需要有属于自己的方式和方法，不是一味和别人做无谓的比较，而是要把注意力放在自己身上，稳步前行。不要被身边的诱惑绊住脚步，也不要人云亦云，偏离自己努力的方向。

06 人生没有白走的路，每一步都算数

漫漫人生长路，未必一路平坦。不要害怕走弯路，每一条路都有它独特的风景，任何经历对人生来说都是成长，只有坚持走下去才能走到尽头。

人生没有白走的路，每一步都算数。人的一生几十载，一路走来，遍地荆棘。有欢笑，也会有泪水；有勇往直前的坚持，也会有踌躇不前的退缩。回头望去，脚下的路都已成为回忆，踮脚前瞻，幸福就在远处招手。每一段都是经历，每一段都是领悟。

白落梅在关于林徽因的作品《你若安好，便是晴天》中写道："每个人的人生都是在旅途，只是所走的路程不同，所选择的方向不同，所付出的感情不同，而所发生的故事亦不同。"人生不是一成不变的，即使不小心走错了路，但你见到了不曾见过的花红柳绿，遇到了不曾出现在生命里的人，收获了温

暖的回忆和珍贵的经历。只有体味过苦难，才更能明白幸福的意义。

人生没有白走的路，那些穿过的鞋子，买过的衣服，脸上的笑，心里的苦，都成了她人生路上一步步的阶梯，为她的成功逆袭撒了一路的花瓣。

你读过的书，踏遍的路，哼唱的歌，眼角的笑，嘴里的苦，路过的风景，爱过的人。这些生活的碎片拼在一起，才是现在的你，才会让你的人生更加饱满。

人这一辈子会很多次站在岔路口，每条路上的坎坷荆棘是不可避免的。只有走过去，才能见到幸福；只有经历过，才能知道对错。

米南德说："谁有经历千辛万苦的意志，谁就能达到任何目的。"生活永远不会同情弱者，它只会屈服强者。所有的付出，都会有回报，只不过时候未到。你要做的就是坚持，时间会证明一切都是值得的。

在《超级演说家》的舞台上，出现过一位特别的来宾，陈州。他脸上闪耀的微笑，让人忽视了他失去的双腿，沉浸于他的故事，感动不已。

父亲离家出走，母亲改嫁，陈州小小年纪便随爷爷乞讨，他的童年非常坎坷。一次扒货运火车去济南，坐反方向；情急之下跳下火车后，他失去了双腿。

命运一次次地打击他的生活，但并没有将他的心态拖进深谷。他捂着心口："我要站起来，学点本事，靠劳动养活自己。"他学习演讲，征服高山，用自己的行动激励大家；失去了腿，他依旧可以活得精彩。

他的高度没有局限于身体，是灵魂的高度，是生命的完整。

他用行动证明，即使身在深渊，只要心中有阳光，一步一步向上攀登，一样可以登上山巅，见到太阳。

很多人被他的演讲能力所折服，他却说，是这么多年在街边卖场和演讲带来的自信和感悟，才能够让他站在舞台中央。

人生没有白走的路，生活也没有白吃的苦。或许，你眼前所付出的一切，暂时看不到结果。但是水滴石穿，不要害怕，你不是没有成长，而是在扎根，在积蓄力量。有很多东西，只有你翻越千山万岭之后才能看到，所以，就算前路布满荆棘，也不要停止前进的脚步，终有一天成功会叩响你的门。

就像李宗盛代言的那一句广告词：人生没有白走的路，每一步都算数。每一种滋味，都算数；每一种感受，都算数；每一种经历，都算数。

在他饱经风霜的话语中，跟随他走过他的一生，跟随他看世间百态，恍然懂得，谁也不知道下一秒会发生什么；我们能做的，也许就是低下头，认真地走路。因为每一步，都算数。

07 不要着急，你想要的，岁月都会给你

你被催婚了吗？这是大龄单身青年闲聊时出现频率最高的话题。周围的很多人饱受生活的摧残，工作不顺心，生活没情趣，而且还有一大群人整天在朋友圈晒钱、晒结婚照、晒宝宝照片，无疑是在他们伤痕累累的心上再捅上一刀。

焦虑似乎成了生活常态；如果不焦虑，反倒说不过去。工作的压力，对未来的迷茫，对爱情的向往，一切的一切都在狠狠地刺激着神经，驱赶着脚步。每个人都急急忙忙的，即使每天见面都来不及问候一声。

其实，不必如此的。不必太纠结于当下，也不必太忧虑未来；当你经历过一些事情的时候，眼前的风景已经跟从前的大不一样。人生的太多痛苦和不幸，都是想要尽快活成别人的样子，完成一些事，达成某个梦想，而不是活成自己想要的样子。不要着急，你想要的，岁月都会给你。

　　前段时间在电视上看到一个访谈节目，有年收入破亿的创业者在现场招聘CEO助理。求职的过程充满了火花四射的智慧碰撞，而在应聘过程中，创业者对一位求职者说的一番话发人深省。

　　求职者是一名大一学子，性格阳光积极，在场上对答如流。当所有人都看好他的时候，招聘老总问了一句："你为什么才大一就来找工作？"

　　"因为我想早点得到更多的经验。"他有着让别人欣赏的远见和魄力。

　　所有的目光都聚集在老总身上。

　　老总缓缓地说了一句话："我觉得你太过于着急了，有些东西并不是越早开始越好；做回这个年龄的角色，享受大学给你的自由，可能收获会更多。"

　　台下一片沉默。

　　在如今停下脚步就要被淘汰的时代，很多时候，我们不得不逼着自己向前走。这种意义上的前进，不是真正的努力，而是一种病态的妥协。张爱玲口中的"出名要趁早"没有错，可是一味地往前走却不在意脚下的路，得不偿失。放弃不值得的努力，停下来沉淀自己，未尝不是一件好事。

　　在周末的时候，总会见到背着沉甸甸的书包去上课外辅导班的孩子，一种心疼的感觉油然而生。在最美好的可以无拘无束的年纪，却被所谓的学习名次折断了翅膀，禁锢在摆满书本的教室里。那些活泼跳脱的性子，青涩稚嫩的梦想，和对世界万物的好奇，都被淹没在浓浓的笔墨之中。很多时候，懂得停下脚步，也是人生中的一门必修课。

岁月飘零如白驹过隙，漫长人生路也不过眨眼之间。既然人生很短暂，无论如何都会到达终点，不如留下一些时间给当下的自己吧。岁月静好，不负时光。我确信，你想要的，岁月都会给你。

努力前进是对的，但同时也希望你可以感受这一秒阳光的温度，感受周围花草的气味；也希望你能明白，这个世界除了追逐之外，还有其他美好。

当你觉得人生并不是那么如意，也许再也坚持不下去了，请告诉自己："这是人生中必须经历的过程，不要急，一直走下去，迟早能遇到自己的答案。"

慢慢学会把情不自禁的伤感揉进内心，时间才是最好的药物；无论什么样的悲伤，时间都会把回忆里的泪水风干。相信乌云终将散去，就算人生是一场梦，即使尝遍百味也要做完。

挫折会出现，也会消失在背后，没有什么可以让你灰心，好的坏的，我们都默默接受，然后不置一词，继续生活。不要着急，你想要的，岁月都会给你。

纵然不开心也不要轻易皱眉，因为你永远不知道谁会爱上你那一刻的笑容。珍惜时光，珍惜自己，因为它们都不能倒带。找不到坚持下去的理由，那就找一个重新开始的理由，生活本来就是这么简单。不以结局为方向的生活态度，也是一种美。比别人优秀，并不会显得高贵，真正的高贵是不停地超越曾经的自己。

时间万物的生长和凋零，都有它的时间与方式。前进一步，风景宜人；停下脚步，优雅恬静。快乐和幸福，说到底，只是心中的一种悠然与宁静。生活中没有见不到希望的绝境，一场场灾难都将是经不起阳光的浓雾。

只要你心中一直小心翼翼地呵护着你的梦想，心如止水，平静地面对生活，体味和珍惜人生的点点滴滴，终会将平淡的时光变得优雅而美好。

人生从来不是刻意地寻找什么。岁月静好，莫负时光，享受自由的人生，才叫不虚此行。